불확정성의 원리에서 '무한대 해'의 난제까지

친절한 양자론

ZUKAI NYUMON YOKU WAKARU SAISHIN RYOSHI-RON NO KIHON TO SHIKUMI
by TAKEUCHI Kaoru

Originally published in Japan by SHUWA SYSTEM CO, LTD., Tokyo.
Korean translation rights arranged with SHUWA SYSTEM CO, LTD., Tokyo, Japan
through THE SAKAI AGENCY and YU RI JANG LITERARY AGENCY.

과학이 쉬워진다 01

불가사의하면서도 매력적인 양자의 세계를 향한 탐험 여행!

불확정성의 원리에서 '무한대 해'의 난제까지

친절한 양자론

다케우치 가오루 지음 | 김재호 · 이문숙 옮김

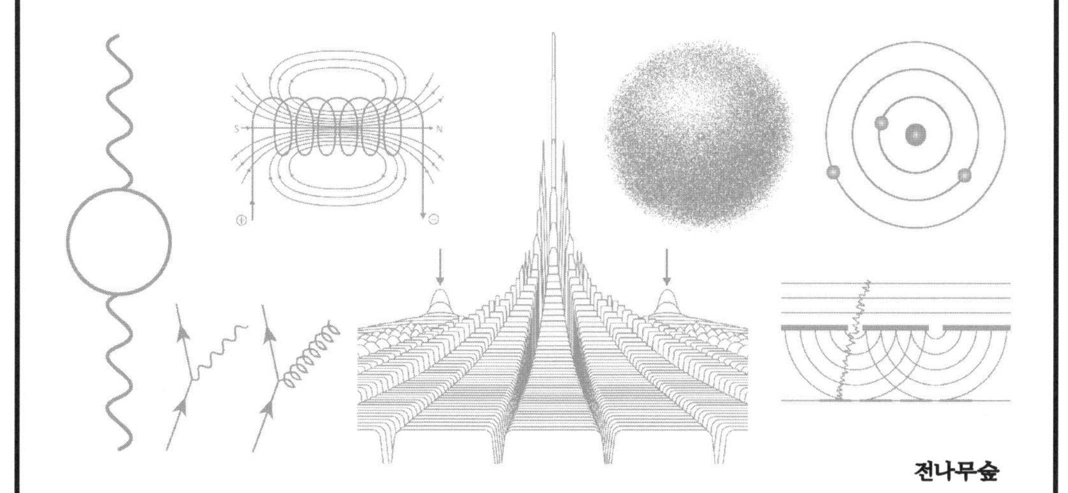

전나무숲

상식을 넘어서기에

더 재미있는

양자의 세계로

호기심 가득한 여행을

떠나보자!

편집자의 글

양자론의 개념을 한눈에 보는 읽기 쉬운 양자론 해설서

이 책은 끝없이 넓은 광활한 세계에 대한 탐험인 '우주론'에 반해 세상을 이루고 있는 극소 단위를 분석하는 기묘하지만 매력적인 '양자론'에 관한 책이다. 우선 저자 다케우치 가오루의 방대한 지식과 극과 극을 오가는 지적 스펙트럼에 놀라움을 금치 않을 수 없다. 이것은 저자가 그만큼 과학의 대중화를 위해 독자의 눈높이에 맞는 글을 쓴다는 의미이기도 하다. 그의 과학 저서들은 늘 알기 쉽고 재미있게 이해할 수 있도록 구성되어 있다. 이번 『친절한 양자론(이하 『양자론』)』에서도 저자의 그러한 능력은 유감없이 빛나고 있다.

이 책은 '양자'라는 기묘하고도 매력적인 세계를 '실재론과 실증론'이라는 두 가지 축을 중심으로 일관되게 기술하고 있다. 대개의 과학서적들이 현란한 이론만을 일방적으로 제시하는 데 반해 『양자론』은 뼈대가 되는 이론만을 중심으로 구성한 점에서 한 번을 읽어도 '머리에 남는 것이 있는' 책이라고 할 수 있다.

또 어려운 과학적 개념을 최대한 쉽게 풀어 설명하는 부분도 다른 과학책들과는 다른 점이다. 확률파, 재규격화, 흐름결합상수, 파인먼다이어그램 등 이름만으로는 도저히 무슨 내용인지 알기 힘든 과학적 개념들이 이 책에서는 쉽고 재미있게 술술 풀려나온다.

무엇보다 양자론(量子論)을 기술하는 데 있어 다양한 그림과 공식, 재미있는 에피소드를 곁들인 것이 또 다른 장점이라고 할 수 있다. 특히 '반은 죽고, 반은 살아 있는' 슈뢰딩거의 고양이에 대한 내용이라든지, 파도타기를 하는 양자에 대한 이야기들은 흥미진진하게 읽을 수 있는 내용들이다. 과학을 어려워하는 사람들에게는 더할 수 없이 좋은 설명 방식이 아닐 수 없다.

양자의 세계는 상식에 어긋나 있는 세계이기도 하다. 든든하고 확고하게만 보였던 뉴턴의 고전이론들이 여지없이 무너지는 놀라운 세계이기도 하고 '파동이면서 입자이고, 입자면서 파동인' 기묘한 세계이기도 하다. 이 양자의 운동법칙을 머리에 담고 세상을 보면 '도대체 내가 살아가는 이 세상은 어떤 세상일까?'라는 의문이 새록새록 솟아나기도 한다.

탐험이란 목표에 도달하는 것도 의미있지만, 탐험 그 자체만으로도 의미가 있다. 학문의 세계와 이 세계의 궁극을 찾아가는 길도 마찬가지다. 아직 인간의 학문이 이 세계를 완벽하게 설명해내지는 못하지만, '도대체 이 세상은 무엇으로 이루어져 있을까?'라는 의문을 가지고 탐험을 시도하는 것 자체는 큰 의미가 있을 것이다. 바로 그러한 의문에 대한 기초적인 해답을 바로 『양자론』이 줄 것이다.

2021. 6

글머리에

불가사의하면서도 매력적인 '양자'를 향한 탐험

나는 나 자신을 남들에게 소개할 때 '고양이를 좋아하는 과학 작가'라고 말한다. 실제로도 사무실이나 집에서 많은 고양이들과 함께 살고 있다. 그중에는 어느 날 갑자기 '하늘에서 떨어진(?)' 갈색 얼룩무늬의 수고양이도 있다.

약 7년 전 온 식구가 공포에 떨었던 사건이 있었다. 부모님과 함께 살았을 때 밤마다 작은 울음소리가 들려왔다. 아무리 찾아도 그 울음소리의 주인공을 찾을 수가 없었다.

"유령이 아닐까?"

동생의 말에 나와 부모님은 등골이 오싹해졌다.

며칠 후 베란다 쪽 화단에 새끼 고양이가 떨어져 있는 것을 아버지가 발견했다. 방에서 목을 길게 빼고 보아도 아래쪽 화단이 보이지 않기 때문에 그때까지 발견하지 못했던 것이다. 그 후 어미 고양이를 찾아보았지만 발견하지 못하였다. 마침내 이 새끼 고양이는 우리 가족의 일원이 되었다.

'유령'이라는 동생의 표현을 빌려 이 새끼 고양이에게 '엘빈'이라는 이름을 붙였다. 그 이유는 유명한 양자물리학자인 엘빈 슈뢰딩거가 했던 사고실험인 '슈뢰딩거의 고양이'를 무척 좋아했기 때문이었다.

지금 왜 유령과 양자론을 관련짓는가, 슈뢰딩거의 고양이란 대체 무엇인가, 그리고 그것이 어떤 사고실험이었는지는 본문을 읽어 나가면 알게 될 것이다.

이 『양자론』은 비주얼 사이언스 북 시리즈에서 『우주론』, 『시간론』과 함께 물리학 3부작이다. 수식의 사용을 최대한 줄여서 이해하기 쉽도록 '개념 해설'에 중점을 두었다. 이 책을 통해서 그간 이해하기 어려웠던 '양자'라는 불가사의한 개념을 완전히 이해해보도록 하자.

이 책의 박스에 실린 소설 '양자론 탐험단의 잡담'에 등장하는 인물은 다음과 같다.

유카와 고지로 : 물리학자

주몬지 아오이 : 학생

레제 고스케 : 학생

구몬 요스케 : 학생

자, 지금부터 불가사의하고 매력적인 양자의 세계로 먼 여행을 떠나보자!

요코하마 랜드마크타워가 보이는 작업실에서

– 다케우치 가오루

양자론의 전체 흐름을 미리 알고 가자!

구몬 선생님, 인터넷에서 선생님의 문장을 "굼뜨고 답답하다"라고 평가하네요. (식은땀을 흘리며)

레제 난 그렇게 생각 안 해.

아오이 그렇지만 독자들의 평가에 귀를 기울일 줄 알아야 진정한 프로가 아닐까?

유카와 음… 고민이 있는 건 사실입니다. 지금까지 물리학 팬 외의 독자한테는 "결론에 이르는 과정에서 너무 뜸을 들인다"는 평가를 많이 받았기 때문입니다. 이 책에서는 좀 궁리를 해보아야겠습니다.

구몬 그럼, 미리 결론을 넌지시 밝혀 두는 것은 어떨까요?

레제 구몬의 머릿속에서 나온 생각치고는 꽤 괜찮은 생각이네.

구몬 야!

아오이 그렇게 하려면 주의 사항이 필요해요. 미스터리를 즐기는 팬들이 이 부분을 읽고 결론을 미리 알면 흥미를 잃어버릴 겁니다. 따라서 여기에 결론이 적혀 있다는 사실을 알리되, 그것을 알고 싶지 않으면 읽지 않아도 된다는 주의 사항을 적어 두는 편이 좋을 듯합니다.

구몬 주의 사항이라? 어떤 거죠?

주의 사항

이곳에는 책의 전반적인 흐름과 결론이 알기 쉽게 정리되어 있다. 즉 책의 핵심 내용이 소개되어 있다. 사전에 전체적인 흐름을 파악한 뒤 읽고 싶은 사람만 읽기 바란다. 원하지 않는 사람은 곧바로 본문으로 넘어가면 된다!

레제 선생님, 그럼 좀 더 구체적인 내용에 대한 설명을 부탁드립니다.

유카와 흐흠, 먼저 이 책의 구성을 보면 총 3장으로 나뉘어 있습니다.

제1장 : 슈뢰딩거의 고양이 (양자론의 확률적 해석)

제2장 : 봄의 양자 퍼텐셜 ('이단'의 양자론)

제3장 : '무한대 해의 난제'를 해결한 파인먼의 재규격화

먼저 슈뢰딩거의 고양이를 중심 주제로 양자론의 기초가 되는 내용을 소개합니다. 양자론의 기초 방정식인 슈뢰딩거방정식의 의미, '파동함수'와 '확률'의 관계, 나아가 양자론 해석에 대한 논쟁의 역사도 살펴볼 것입니다.

제1장의 핵심은 '파동함수는 확률의 파(동)'로 정리할 수 있습니다.

제2장에서는 양자론의 해석을 둘러싼 우여곡절을 다시 한 번 깊이 생각해보고, '벨의 정리'를 통해 중요한 결론을 소개합니다. 벨의 정리는 양자론을 둘러싼 아인슈타인, 보어 등 학자들의 논쟁에 종지부를 찍었던 정리입니다. 이것으로써 독자들은 양자론의 '기초 개념'을 이해할 수 있을 것입니다.

벨의 정리로 아인슈타인 학파(실재론파)는 쇠퇴하고, 보어 학파(실증론파)가 완전히 승리한 것처럼 보였습니다. 그러나 세상일이란 게 그리 단순하지만은 않은 것이 현실입니다. 1960년대에 영국의 양자물리학자 데이비드 봄(David Bohm, 1917~92)이 쇠퇴한 아인슈타인 학파의 해석을 멋지게 부활시키는 데 성공한 것입니다.

봄의 양자론에는 '양자 퍼텐셜'이라는 개념이 등장합니다. 그 이론은 '양자의 세계를 시각화해서 눈으로 보겠다'는 이단적이면서 약간 정통에서 벗어난 것입니다. 양자 퍼텐셜을 적용한 방법은 벨의 정리를 잘 피해 나간 묘책이었습니다. 그래서 많은 사람들은 '양자 퍼텐셜의 등장으로 양자론이 정립되었다'고 말하기도 합니다. 그러한 상황에서 독자들이 이번에 '이단'의 물리학자, 봄의 양자론적 세계관을 익혔으면 하는 바람입니다.

마지막 제3장에서는 고전역학 시대부터 양자론의 시대에 이르기까지 오랫동안 '묵혀'왔던 '무한대 해의 난제'를 소개함과 아울러 그것이 어떻게 극적으로 해결되었는지를 소개합니다. 이 해결 방법을 발견해내는 데는 일본의 세계적인 물리학자 도모나가 신이치로(朝永振一郎, 1906~79) 박사의 공헌이 컸습니다. 이 업적으로 그는 1965년 노벨 물리학상을 받았습니다.

그 해결 방법을 '재규격화이론'이라고 합니다. 무한대의 물리량을 '재규격화'하여 의미 있는 유한한 양으로 바꾸는 방법입니다. 이 부분만은 어쩔 수 없이 수식을 사용하였습니다. 제 경험에 따르면, 이 이론은 수식을 사용하면 오히려 이해하기가 더 쉽기 때문입니다.

재규격화이론을 설명하는 과정에서 미국의 물리학자 리처드 파인먼이 고안한 '파인먼다이어그램'도 소개하겠습니다. 이것은 양자끼리의 상호작용을 확률적으로 계산하는 데 사용하는 도식적인 방법입니다. 이 다이어그램을 보는 방법을 알게 되면, 양자의 세계를 매우 쉽게 이미지화할 수 있습니다.

구몬 쿨… 쿨…

아오이 선생님, 구몬이 잠들고 말았네요. (한숨을 쉬며)

레제 할 수 없군요. 구몬 얼굴에 찬물이라도 끼얹어서 깨워 강의에 들어가는 수밖에….

(1분 후 구몬의 비명 소리가 들린다)

차 례

봄의 양자 퍼텐셜로 본 '이단의 양자론'

양자론의 확률적 해석, 슈뢰딩거의 고양이에 관해

'슈뢰딩거의 고양이'라는 양자론의 유명한 사고실험을 통해 '확률적 해석'의 의미를 생각해보자. 이 사고실험 속 고양이는 양자론을 완성한 오스트리아의 물리학자 엘빈 슈뢰딩거의 논문에 등장한다. 이 고양이는 산 상태로 있을 가능성과 죽은 상태로 있을 가능성이 동시에 존재하는 아주 기묘한 상태에 놓여 있다. 살아 있을 확률이 50퍼센트, 동시에 죽어 있을 확률이 50퍼센트라니……. 이것은 대체 무슨 의미일까?

양자란 무엇인가

'슈뢰딩거의 고양이'를 해석하기 전에 먼저
'양자'라는 개념을 생각해보기로 한다.

양자의 불가사의한 성질

'양자론'이란 극소 세계를 기술하는 물리학 이론이다. 극소의 '양자 세계'란 대략 1000만 분의 1밀리미터보다 작은 세계를 말한다. 양자의 세계에서는 우리가 상상할 수 없을 정도로 '비상식적'인 일들이 '상식'인양 매우 자연스럽게 일어난다. 여기서는 그처럼 기묘한 양자의 세계를 살짝 엿보기로 한다.

상대성이론과 양자론의 충격 - '물질에서 실증으로'

1900년에 시작된 양자론과 1905년에 시작된 상대성이론은 과학뿐만 아니라 인류의 문화와 사회에도 막대한 영향을 끼쳤다. 사상적인 면에서 보면 이 두 이론은 '물질에서 실증으로'라는 말로 표현할 수 있다.

뉴턴역학으로 대표되는 고전역학은 '물질'이 세계의 주인공이다. 물질은 질량이 있고 위치를 차지하며 운동에너지나 퍼텐셜에너지•를 가지고 있다. 물질의 운동을 계산·예측하고 이를 실험으로 확인하는 것이 고전역학의 목적이다. 물질의 세계관에서는 물질이 단독으로 존재하는 것이 가능하다. 누군가가 그것을 관찰하거나 실험하는 것에 상관없이 '실재'하는 것이다.

• **퍼텐셜에너지**
운동에너지와 달리 위치에 따라 일을 할 수 있는 잠재된 에너지를 말한다. 물질의 위치에 따라 결정되므로 위치에너지라고도 한다.

그러나 상대성이론과 양자론에서는 상황이 완전히 달라진다. 여기서는 물질이 혼자서는 존재할 수 없다고 보기 때문이다. 이 들 이론에 따르면 물질의 존재 방식은 '관측'에 의존한다. 어떤 물질의 에너지나 회전 상태는 관측자 또는 관측 장치의 상태에 따라 그 수치가 달라질 수 있다.

이는 관측 대상인 물질이 관측하는 장치와 맺는 관계를 통해서만 존재할 수 있다는 뜻이다. 비유하자면 관측 장치 f( )라는 함수는 관측 대상인 물질의 속성, 예를 들어 에너지 E를 괄호 안에 넣으면 f(E)라는 수치를 계측하고, 다른 관측 장치 g( )는 괄호 안에 E를 넣으면 g(E)라는 또 다른 수치를 계측하는 것이다. 즉 관측 대상인 물질은 원래 에너지 E라는 고정된 수치를 가지고 있는 것이 아니라 관측할 때마다 그 관측 장치의 상태에 따라 다른 수치로 측정되는 것이다. 즉 물리 상태는 물질 단독으로 '실재'하는 것이 아니라 관측 장치와 맺는 상호 관계에 따라 '실증'된다.

이 책에서는 그러한 '실증'의 세계를 기술하는 두 가지 이론 중 하나인 양자론을 통해 그 실증론의 사상적 의미를 고찰해본다.

그림 1-1 ∷ '물질'의 세계와 '실증'의 세계

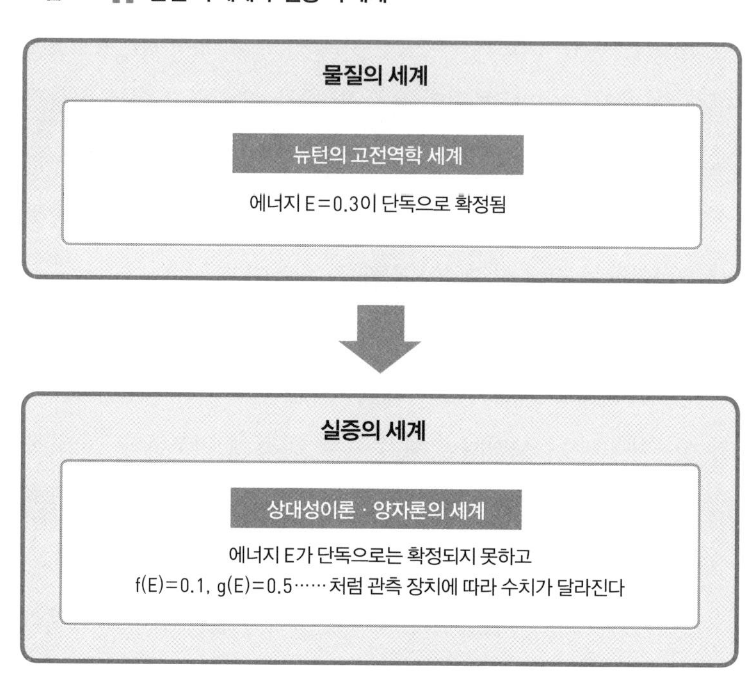

슈뢰딩거의 등장 1-2

양자론을 완성한 슈뢰딩거는 어떤 역할을 했을까?
먼저 양자론의 거목 슈뢰딩거의 일생을 살펴보자.

양자역학의 창시자 슈뢰딩거

이 책에서 최초로 등장하는 인물은 엘빈 슈뢰딩거이다. 슈뢰딩거는 양자론이라는 '가설'을 양자역학이라는 하나의 학문으로 끌어올린 인물이다. 즉 미완성인 양자론을 '완성품'인 양자역학으로 정립한 사람이다. 슈뢰딩거는 1925년에 '슈뢰딩거의 방정식'이라는 양자역학의 기초 방정식을 발표했다. 그것은 미분이라는 수학적인 방법을 사용한 파동방정식이었다.

파동방정식이란 이름 그대로 '파(또는 파동)가 어떻게 에너지를 전달하는지'를 기술하는 방정식이다. 예를 들면 지진파나 전자기파(빛이나 전파나 X선 등)는 고유의 파동방정식으로 기술할 수 있다. 마찬가지로 양자도 양자만의 파동방정식으로 나타낼 수 있는 것이다.

그림 1-2 ▪▪ 엘빈 슈뢰딩거(Erwin Schrödinger, 1887~1961)

오스트리아의 물리학자. 양자역학의 창시자. 파동역학의 연구로 양자론의 발전에 지대한 공헌을 했다. 1933년 영국의 물리학자 폴 디랙과 함께 노벨 물리학상을 받았다.

슈뢰딩거방정식은 미분방정식

미분이라고 하면 매우 어려운 것으로 생각하지만 물리학에서는 '무한히 작은 것(무한소)의 주변이 어떻게 변화하는지'를 알아내는 방법의 하나일 뿐이다. 파는 시간이 흐름에 따라 퍼져 나간다. 하지만 단번에 먼 곳까지 도달하는 것은 아니다. 파는 먼저 무한소의 주변에 영향을 주고 그것이 또 다른 인근의 무한소에 영향을 주는 식으로 점차 전달되는 것이다. 이처럼 '잘게 나눠서' 생각하는 방법을 '미분'이라고 한다.

갑자기 사라진 엘빈

구몬 어이, 엘빈.

엘빈 …… (앉아서 뒷발로 목을 긁고 있다.)

구몬 이봐, 부르고 있는데 들리지 않아?

엘빈 (크게 기지개를 켠다.)

구몬 (화가 나서 엘빈에게 다가가 머리를 때리려고 한다.)

아오이 앗! 엘빈이 사라졌다!

레제 이런이런.

유카와 구몬, 잊었니. 엘빈은 명문가의 슈뢰 고양이잖아.

구몬 으음, 독자를 위한 궁금증 풀이가 시작되었다 이거지.

표 1-1 엘빈 슈뢰딩거의 일대기

1887년	오스트리아 빈 출생
1906년	빈 대학 입학
1921년	스위스 취리히 대학 수리물리학 교수 취임(6년간 재직)
1925~26년	독일에서 파동방정식을 완성
1927년	베를린 대학으로 옮김
1933년	노벨 물리학상을 받고, 같은 해 나치스의 출현으로 독일을 떠나 각지를 전전하다가 아일랜드의 더블린에 정착
1944년	『생명이란 무엇인가 (*What is Life?*)』 출판
1952년	『과학과 휴머니즘 (*Science and Humanism*)』 출판
1954년	『자연과 그리스인 (*Nature and the Greeks*)』 출판
1961년	사망

1-3 짧지만 핵심적인 양자론의 역사

슈뢰딩거방정식을 설명하기 전에
양자론의 '짧은' 역사를 간단히 훑어보기로 한다.

양자론의 출발은 뉴턴 시대부터

근대 물리학의 집대성이라고 한다면, 단연 아이작 뉴턴(Isaac Newton, 1643 ~1727)의 저서 『자연철학의 수학적 원리(프린키피아)』(1687)를 들 수 있다. 또 한편으로는 뉴턴이 남긴 저서에 『광학』이란 것도 있다. 이 책에서는 양자론과 관련이 깊은 광학에 초점을 맞추기로 한다.

뉴턴의 시대에는 빛의 본성이 '입자'인지 '파(동)'인지가 매우 큰 쟁점이었다. 뉴턴은 빛이 입자라고 생각했지만, 네덜란드의 물리학자 크리스티안 하위헌스•는 빛이 파동이라고 주장했다.

뉴턴 이후 오랫동안 빛의 본성은 파동이라고 여겨왔지만, 20세기에 들어서는 'A인가 B인가' 하는 사고방식으로는 빛의 본성을

• **크리스티안 하위헌스 (Christiaan Huygens, 1629~95)**
네덜란드의 물리학자. 토성의 고리를 발견했으며 광학 분야에서 많은 업적을 남겼다. 파동의 반사 · 굴절에 관해 '하위헌스'의 원리와 '빛의 파동설'을 제창하였다.

밝히는 데 한계가 있는 것이 아닐까 하는 생각에 이르렀다. 이러한 생각이 바로 양자론의 출발점이 되었다.

플랑크에서 아인슈타인, 보어 그리고 드브로이까지

독일의 물리학자 막스 플랑크는 용광로 안에 들어 있는 빛의 종류를 연구하고 있었다. 연구 결과 빛에는 '최소 단위'가 있다는 사실을 알게 되었다. 그 최소 단위를 지금은 플랑크상수라고 부른다.

그림 1-3 ∷ 막스 플랑크(Max Karl Ernst Ludwig Planck, 1858~1947)

독일의 이론물리학자. 흑체의 열복사 연구로 플랑크상수를 발견하였다. 양자가설을 최초로 주장한 양자론의 창시자이다.

그림 1-4 ▪▪ 플링크상수의 값

$$h = 6.62607 \times 10^{-34} \mathrm{J \cdot s}$$

플랑크상수는 영어의 소문자 h로 나타내기로 약속하고 있다. 이 상수는 상상할 수 없을 만큼 작다. 그렇다면 빛의 최소 단위도 그만큼 작다고 할 수 있다.

이 플랑크의 아이디어를 더욱 구체화한 사람이 바로 알베르트 아인슈타인이었다. 아인슈타인은 1905년에 "빛은 최소 단위를 가

그림 1-5 ▪▪ 알베르트 아인슈타인(Albert Einstein, 1879~1955)

20세기 최고의 물리학자. 상대성이론의 창시자. 기존의 학문적 틀에서 벗어난 독창적인 그의 이론들은 현대 과학기술뿐만 아니라 사상계에도 큰 영향을 주었다. '광양자설'을 제창하여 빛의 입자성을 설명하는 데 기여한 공로로 1921년 노벨 물리학상을 받았다.

진 입자의 성질을 띤다"라고 주장했다. 이 최소 단위는 '양'을 뜻하는 라틴어 쿠안투스(quantus)를 따서 '퀀텀(quantum, 양자)'이라고 이름을 붙였다.

아인슈타인과 어깨를 나란히 하는 물리학자로는 덴마크의 닐스 보어가 있다. 보어는 물질의 근원이 되는 원자는 한가운데 원자핵이 있고 그 주변을 전자들이 돌고 있다고 생각했다. 마치 태양계와 같은 구조를 이루고 있다고 생각한 것이다. 그리고 플랑크가 생각한 최소 단위 h를 바탕으로 전자궤도가 정해지고 이 사이를 전자가 날아 움직이면서 변하는 것이라 생각했다.

프랑스 귀족 출신인 루이 드브로이는 1924년에 물질파(matter

그림 1-6 ⁞⁞ 닐스 보어(Niels Henrik David Bohr, 1885~1962)

덴마크의 이론물리학자. 양자조건을 도입하여 독창적인 원자 모델을 창안하였다. 원자력의 국제적 관리를 제안한 것으로도 유명하다. 원자 구조의 이해와 양자역학의 성립에 기여한 공로로 1922년 노벨 물리학상을 받았다.

그림 1-7 ∷ **루이 드브로이**(Louis Victor de Broglie, 1892~1987)

프랑스의 이론물리학자. '물질파'의 이론이 실험으로 증명되자, 그 업적을 인정받아 1929년 노벨 물리학상을 받았다.

wave)라는 개념을 제창했다. 아인슈타인은 파(동)이라고 여겼던 빛에 입자의 성질이 있다고 주장한 데 반해, 드브로이는 입자라고 여기던 전자에 파의 성질이 있다고 주장한 것이다.

아인슈타인과 드브로이의 생각을 종합하면 모든 물질은 입자와 파라는 두 가지 성질을 띠고 있는 것이다. '양자'는 이러한 입자성과 파동성을 동시에 지닌 것이다. 이 양자론의 역사에 느지막하게 등장한 인물이 엘빈 슈뢰딩거와 베르너 하이젠베르크이다.

허수와 파동의 세계를 다룬 슈뢰딩거방정식

1-4

슈뢰딩거방정식이란 무엇인가,
그것이 파동방정식이라는 것은 또 무슨 의미인가?
그 방정식에 등장하는 기호 Ψ에 숨은 의미는 과연 무엇일까?

허수가 등장하는 슈뢰딩거방정식

슈뢰딩거가 이루어낸 위대한 업적은 무엇일까? 바로 '슈뢰딩거 방정식'이다. 이 슈뢰딩거방정식은 오늘날 세계를 기술하는 기초 방정식이 되고 있다. 먼저 슈뢰딩거방정식을 간단히 살펴보기로 한다.

그림 1-8 ⁘ 슈뢰딩거방정식

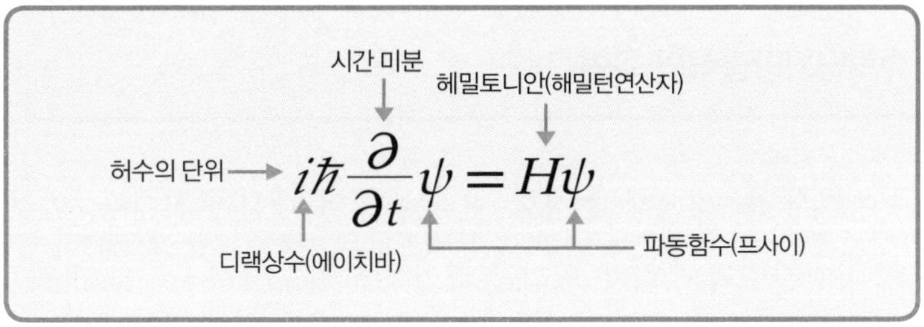

$$i\hbar \frac{\partial}{\partial t}\psi = H\psi$$

허수의 단위 i가 들어 있는 것으로 미루어 이 방정식의 해가 복소수라는 것을 알 수 있다. 복소수라는 것은 실수와 허수가 함께 있는 '복합적인 수'라는 뜻이다. 덧붙이면 실수(real number)는 '소수점으로 나타낼 수 있는 수'이고 '제곱하면 양의 수'가 된다. 반면 허수(imaginary number)는 '제곱하면 음의 수'가 된다.

영어의 h에 가로선이 그어진 기호 $\hbar$(디랙상수)는 플랑크상수 h를 2π로 나눈 것이다($\hbar=h/2\pi$). 그러니까 처음부터 $\hbar$가 아니라 플랑크상수를 이용하여 $h/2\pi$로 써도 된다. 그러나 대부분 2π로 나눈 형식을 쓰기 때문에 간략한 기호 $\hbar$를 사용한다. 이 $\hbar$를 디랙상수라고 한다.

숫자 9가 거꾸로 뒤집힌 것 같은 기호 ∂는 '미분'을 나타낸다. 보통은 영어 소문자 d를 쓰는데 변수가 많은 경우에는 9가 뒤집힌 것 같은 기호 ∂를 쓴다. 미분이라는 것은 '미소한(매우 작은) 변화'라고 생각하면 된다. 따라서 슈뢰딩거방정식의 좌변은 변수 Ψ(프사이)의 미소한 변화라는 뜻이다. t는 시간을 뜻하므로 '변수 Ψ의 미소한 시간적 변화'라는 의미이다. Ψ는 시간 t와 공간 x의 함수로서 '파동함수(wave function)'라고 한다.

슈뢰딩거방정식의 우변

여기서 또 새롭게 등장한 기호는 영어 대문자 H이다. 이것은 아일랜드의 수학자 윌리엄 해밀턴(William Rowan Hamilton,

1805~65)의 이름을 따서 '해밀턴연산자(Hamiltonian)'라고 한다. 연산자라는 것은 '다음에 오는 함수에 연산하는 것'이라는 의미이다. 구체적으로 H는 '에너지'를 의미하는데, 이는 운동에너지와 퍼텐셜(위치)에너지를 합한 것이다. 슈뢰딩거방정식을 정리하면 다음과 같다.

우변의 에너지를 구체적으로 알고 있으면, 변수 Ψ의 시간적 변화를 계산할 수 있다.

그러나 이것만으로는 슈뢰딩거방정식이 왜 '파동'을 나타내고 있는지 분명하지 않으며 변수 Ψ가 의미하는 것도 알 수 없다. 이제부터 변수 Ψ의 의미를 생각해보자.

Ψ는 왜 파동함수일까?

파동함수 Ψ는 왜 '파동'을 나타낼까?
그것은 삼각함수와 깊은 관련이 있다.

파동함수와 미분법칙

파동함수 Ψ(프사이)는 시간 t와 공간 x의 함수이므로 $\Psi(t, x)$이다. 그렇다면 이것이 왜 '파동'을 나타내는가? 결론부터 말하면 슈뢰딩거방정식의 해가 사인과 코사인의 형태로 나타나기 때문이다. 미분을 잘 알지 못하는 독자들을 위하여 미분법칙을 적어 보기로 한다.

미분법칙 = 사인을 미분하면 코사인이 되고, 코사인을 미분하면 사인이 된다.

이것의 범위를 조금 더 확장하면 다음과 같다.

미분법칙 = 삼각함수를 미분하면 삼각함수가 된다.

단, 마이너스의 부호가 미분할 때마다 교대로 나타나는 일에 대해서는 자세한 설명을 생략한다.

Ψ를 미분한 것도 Ψ의 형태이다

삼각함수인 사인과 코사인은 원래 파동을 나타내는 함수이다. 아래 그래프를 보면 쉽게 알 수 있다.

슈뢰딩거방정식에서 허수의 단위인 i와 디랙상수 $\hbar$, 해밀턴연산자 H를 빼고 보면, 'Ψ를 미분하면 Ψ의 형태다'고 할 수 있다. 그리고 삼각함수라는 것도 '삼각함수를 미분하면 삼각함수가 된

그림 1-9 사인 · 코사인 그래프

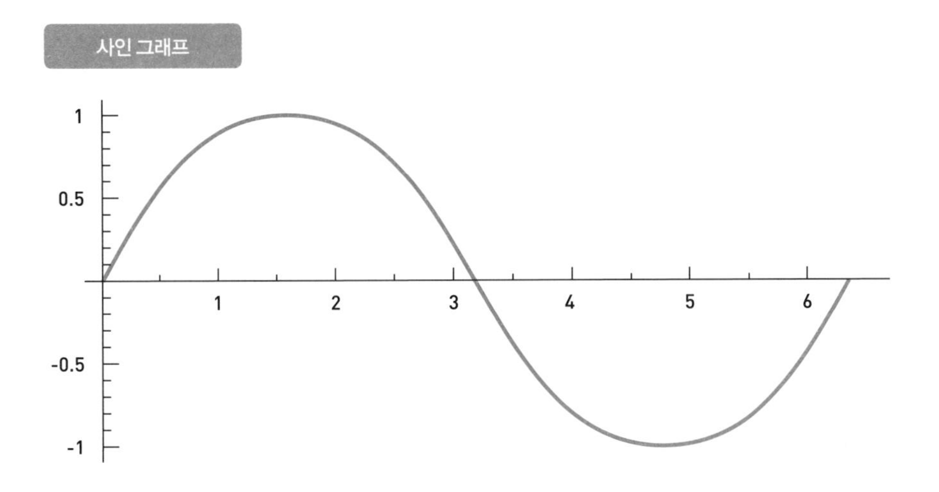

코사인 그래프

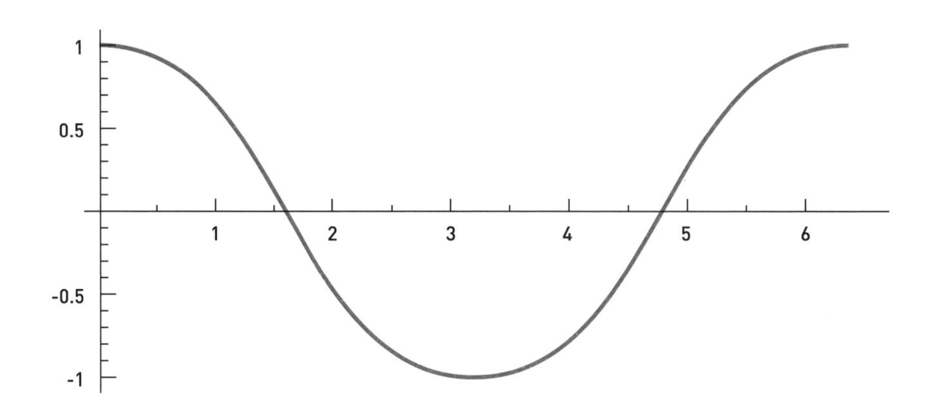

다'고 할 수 있다. 따라서 파동함수 Ψ는 삼각함수로 나타내는 경우가 많다. 삼각함수는 파동을 나타내기 때문에 결국은 Ψ도 파동을 나타내는 것으로 해석할 수 있다.

파동함수 Ψ에 숨은 의미 1-6

파동함수 Ψ에는 구체적으로 어떤 의미가 있을까?
그리고 여기서 파동이란 도대체 무엇의 파동일까?

Ψ는 무엇의 파동함수일까?

파동함수 Ψ를 삼각함수라고 생각하면, 슈뢰딩거방정식이 성립하는 것을 이해할 수 있다. 그렇다면 Ψ는 대체 '무엇'의 파동(파)을 나타내는 것일까? 공기의 파동을 의미하는 음파는 공기 분자의 진동이고, 지진파는 지각의 진동이며, 파도는 바닷물의 진동이다.

결론부터 말하면 Ψ는 '확률의 파'를 나타낸다. 공기나 지각이나 바닷물은 눈으로 보고 만질 수 있는 물질이다. 이들의 진동으로 에너지가 전해지는 것을 우리는 '파'라고 불러왔다. 그런데 Ψ는 그러한 '물질'이 아니라 추상적인 '확률'의 파라는 것이다. 양자론의 발전 과정에서도 Ψ의 의미에 관해서는 많은 논쟁이 있었다.

"내 방정식에 등장하는 Ψ는 양자라는 실체를 나타내는 파라고 생각한다."

– 엘빈 슈뢰딩거

"슈뢰딩거방정식에 등장하는 Ψ는 양자 그 자체가 아니라 양자가 존재할 확률의 파를 나타낸 것이라 생각한다."

– 막스 보른

이의를 제기한 물리학자들

지금은 막스 보른의 해석이 옳다고 입증되었다. 그러나 세계의 기초를 이루는 양자론의 방정식이 확률로밖에 계산할 수 없다는 사실에 대해서는 많은 물리학자들이 이의를 제기했다.

Ψ가 확률의 파라는 입장을 '코펜하겐 해석'이라고 한다. 그렇게 불리게 된 까닭은 코펜하겐에 연구소가 있던 물리학계의 거장 닐스 보어와 그 연구소 출신인 많은 물리학자들이 이 해석을 지지했기 때문이다. '코펜하겐학파'로 유명한 학자에는 보어와 보른 외에도 다음에 등장하는 하이젠베르크가 있다.

이 생각에 완전히 맞서, Ψ는 확률의 파가 아니라 양자라는 실체의 파를 나타낸다고 주장한 사람들이 아인슈타인, 슈뢰딩거, 드브로이 등이다. 그렇다면 실체가 아닌, 확률의 파(확률파)의 정체는 대체 무엇일까?

그림 1-10 ∷ 막스 보른(Max Born, 1882~1970)

독일 출신의 이론물리학자. 1933년 나치스에 의해 추방당해 영국으로 건너가 1939년에 귀화하였다. 파동함수의 확률적 해석을 제창하고 양자역학의 발전에 기여한 공로로 1954년 노벨 물리학상을 받았다.

확률파를 살펴보자

Ψ의 구체적인 모양을 먼저 살펴보자.
그러면 확률파의 의미도 제대로 이해할 수 있을 것이다.

보어의 태양계 모델

먼저 보어의 수소 원자 모델을 살펴보기로 한다.

그림 1–11을 보자. 한가운데 '원자핵'(수소 원자의 경우 양성자 1개)이 있고, 주변의 궤도에서 전자가 돌고 있다. 전자의 에너지가 클수록 반지름이 큰 바깥쪽 전자궤도에 위치한다. 전자가 에너지를 잃으면 원자핵에 가까운 안쪽의 전자궤도로 떨어진다. 이때 잃어버린 에너지는 빛이 되어 외부로 방출된다. 반대로 외부에서 빛(에너지)을 흡수하면 전자는 바깥쪽 전자궤도로 이동한다. 이 전자궤도는 띄엄띄엄 불연속적으로 떨어져 있으며 그 간격은 플랑크상수가 결정한다.

그림 1-11 ∷ 보어의 수소 원자 모델

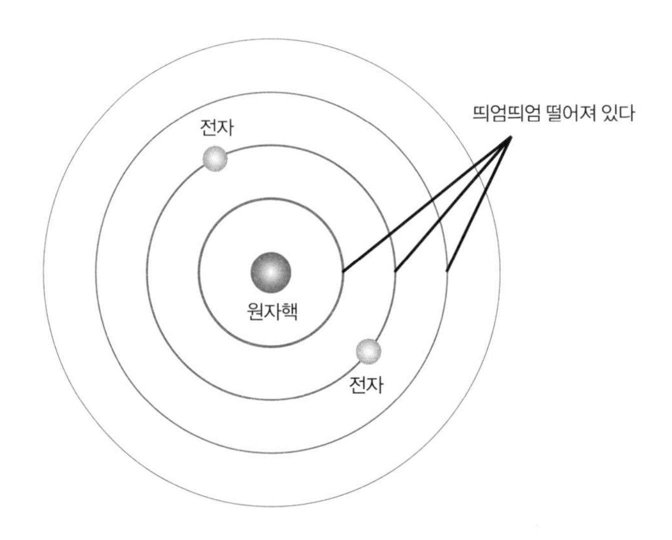

실제 모습은 태양계보다 '구름'에 가깝다

이 모델은 어디까지나 입체적으로 그린 그림일 뿐이다. 실제 전자궤도는 이러한 태양계 모습이 아니라 그림 1-12와 같이 **'확률의 구름'**과 같은 모습이다. 밝은 곳은 '전자가 존재할 확률이 높은 곳'이고, 어두운 곳은 '전자가 존재할 확률이 낮은 곳'이다.

드럼 위에 모래를 뿌리고 드럼을 치면 드럼의 표면이 파에 의해 울리게 된다. 이때 모래가 파의 마디 부분에 모여 예쁜 모양이 생기는 것을 볼 수 있다. 수소 원자의 확률파는 이 모래가 이루는 모양과 같다. 다시 말하면 이 예쁜 구름(파) 모양이야말로 Ψ를 그림으로 나타낸 것이라 할 수 있다(여기서는 시간은 무시하고 공간 분포만을 말한다).

물론 이것은 확률 분포를 나타내는 것이므로 구체적으로 전자가 '어디'에 있는지 알 수는 없다. 이것은 어느 누구도 알 수 없는 것이다. 우주의 법칙 그 자체가 확률적이어서 100퍼센트 계산한다는 것이 불가능하기 때문이다. 이것이 양자론의 근본 입장이다.

그림 1-12 수소 원자의 확률파

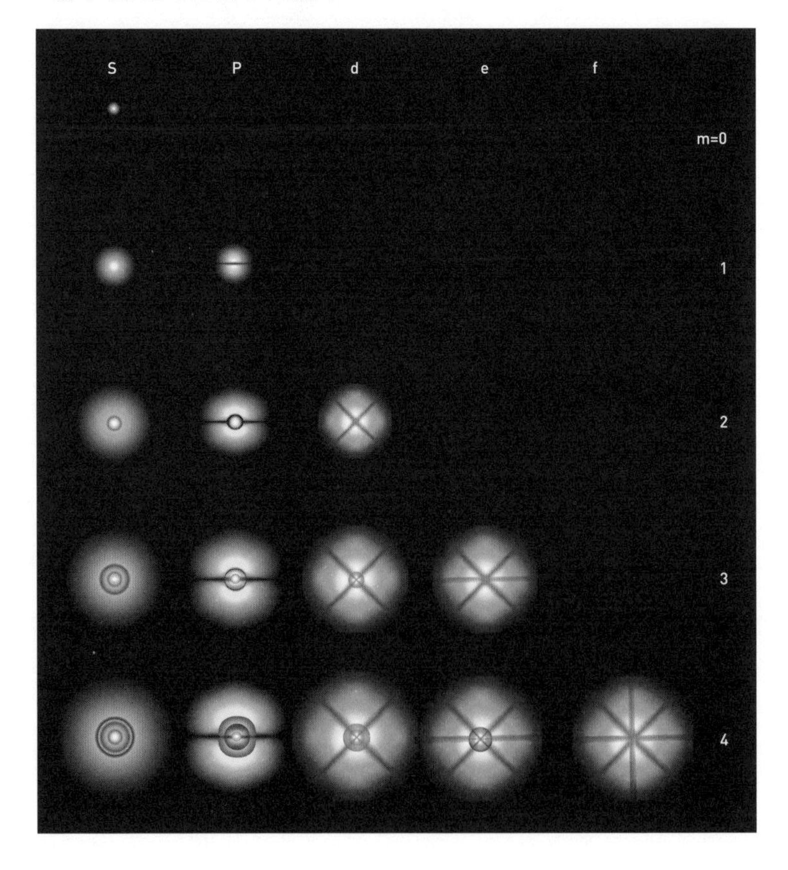

그러나 이것은 어디까지나 '관측 전'의 예측 단계에 해당한다. 만약 관측 기기를 사용해 실제로 측정하면 전자가 구체적으로 '어디에' 있는지 알 수 있다.

확률파를 수축시키는 '관측'

복권이 당첨되기 전에는 확률적이지만, 추첨하는 순간 누군가는 당첨이 된다. 그 순간 다른 사람의 당첨 확률은 0이 되지만, 당첨된 사람의 확률은 100퍼센트가 된다. 양자의 존재 확률도 그와 같은 방식이다.

확률파는 어떤 의미가 있는가

슈뢰딩거방정식을 이용해 구한 확률의 파동함수 Ψ. 그 Ψ는 '전자가 어디에 있는지'에 대하여, 즉 "좌표 x=3.256에 16.389퍼센트의 확률로 존재한다"라고 예측한다. 실제로 관측 장치로 전자의 위치를 측정하면, 같은 상황에서 측정을 100회 반복했을 때 약 16회 정도, x=3.256의 위치에서 전자를 발견할 수 있다.

그림 1-13의 사진에서 보는 것처럼 확률파는 관측(측정)에 의해 한 점을 중심으로 수축한다. 앞에서 언급한 복권 당첨처럼 추첨 전에는 모두가 당첨될 확률이 있지만, 추첨이 끝난 후에는 단 한 사람밖에 당첨되지 않는 것과 같은 원리이다.

신은 주사위를 던지지 않는다!?

이러한 방식이 불만이었던 아인슈타인은 그 유명한 "신은 주사위를 던지지 않는다"라고 말하면서 화를 냈다고 한다. 즉 확률적인 예측밖에 하지 못하는 슈뢰딩거방정식은 우주의 완전한 방정식이 아니며, 장차 더 완전한 예측을 할 수 있는 방정식을 발견하게 될 것이라고 생각한 것이다.

그러나 나중에 보게 되겠지만, 아인슈타인의 이러한 꿈을 완전히 부정한 정리, 즉 벨의 정리(Bell's theorem)가 실증됨에 따라 물리학자들은 이 세계를 지배하는 궁극적인 법칙은 '주사위 던지기'와 같다는 현실을 인정하게 된다.

그림 1-13 ⁑ 확률파의 수축

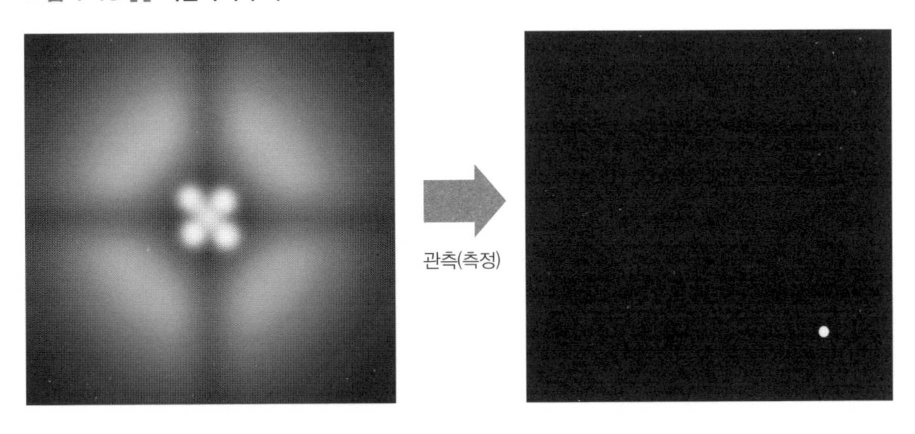

하이젠베르크의 불확정성원리

화제를 바꿔서 불확정성원리에 대하여 생각해보자.
물론 불확정성원리도 확률과 깊은 관련이 있다.

하이젠베르크는 '양자의 세계는 행렬로 기술되리라'고 생각했다

하이젠베르크는 슈뢰딩거와 거의 같은 시기에 양자론을 완성으로 이끈 방정식을 발표한 인물이다. 그런데 수학이란 참 재미있는 것으로, 똑같은 물리 현상을 다루어도 전혀 다른 수식으로 기술할 수 있다. 당시 사람들은 슈뢰딩거와 하이젠베르크의 이론이 같은 내용을 다르게 표현한 것이라는 사실을 알지 못했다.

컴퓨터로 엑셀과 같은 표 계산 프로그램을 사용해본 사람은 이미 알겠지만, 여러 가지 숫자를 한꺼번에 표로 나타내고 덧셈, 뺄셈, 곱셈, 나눗셈을 하는 수학적 방법이 있다. '행렬(matrix)'이 대표적이다.

하이젠베르크는 양자의 세계를 행렬이라는 수학을 이용하여

그림 1-14 ■■ **베르너 하이젠베르크**(Werner Karl Heisenberg, 1901~76)

독일의 물리학자. 불확정성원리를 제창하여 양자역학을 정립하였다. 물리학계뿐만 아니라 사상계에도 지대한 영향을 미쳤다. 1932년 노벨 물리학상을 받았다.

나타냈다. 이를 '행렬역학'이라고 한다. 슈뢰딩거의 파동역학과 하이젠베르크의 행렬역학은 나중에 폴 디랙•에 의해 수학적으로나 물리학적으로 같은 것이라는 사실이 입증되었다.

• **폴 디랙**(Paul Adrian Maurice Dirac, 1902~84) 영국의 이론물리학자. 양자역학을 탄생시킨 한 사람. 1928년에 '디랙방정식'이라는 상대론적인 파동방정식을 도출해냈다. 양자역학과 상대성원리를 융합하여 반입자(양전자)의 존재를 예측했다. 슈뢰딩거와 함께 원자이론의 새로운 기술 형식을 발견한 공로로 1933년 노벨 물리학상을 받았다.

감마선현미경의 사고실험

하이젠베르크는 양자론과 관계가 깊은 아주 중요한 원리를 발견한 것으로 유명하다. 그 원리는 바로 '불확정성원리'이다. 하이젠베르크는 머릿속으로 전자에 감마선을 쪼이는 실험을 생각했다.

그림 1-15에서 보듯이, 왼쪽에서 날아오는 것이 감마선이다. 감마선은 파장이 짧은 전자기파, 즉 광자이다. 오른쪽에 있는 'e'라는 기호는 전자이다. e 위에 붙은 마이너스 기호는 '전자의 전하가 마이너스'라는 것을 의미한다. 전자의 위에 있는 타원형의 물체가 현미경의 렌즈이다. 감마선이 전자와 충돌하면 전자는 어딘가로 튕겨나간다. 충돌 후 산란된 감마선이 렌즈 범위 내에 들어 있으면 맨눈으로 관찰할 수 있다. 다시 말하면 사물을 보기 위해서는 그 사물에 빛을 반사시켜 사람의 눈에 들어오게 할 필요가 있다.

그러나 전자와 같이 매우 작은 입자의 경우, 예를 들어 양자의 경우 매우 가벼워서 앞에서 언급한 감마선처럼 빛이 충돌하면 어딘가로 튕겨 나가 버린다. 결국 사람이 '보았을 때' 경우에 따라서는 이미 양자는 그 자리에 없다. 이처럼 관측 행위로 인해 관측 대상인 양자의 상태가 영향을 받는 경우 관측하는 데는 물리적인 한계가 발생한다.

하이젠베르크는 이것을 계산해 보인 것이다. 양자의 위치 x와 운동량 p의 관측 정밀도 사이에는 '반비례' 관계가 성립하는 것을 입증한 것이다. 그 반비례 계수가 앞에서 말한 플랑크상수(plank's constant)이다. 요컨대 양자의 관측은 플랑크상수보다 더 정밀한 측정이 불가능하다. 그것을 불확정성이라고 한다.

이렇게 설명하면 마치 측정 장치(여기서는 감마선현미경)의 정밀도가 떨어져 불확정한 것이며, 장치를 바꾸면 얼마든지 측정의 정밀도를 높일 수 있을 것처럼 들린다. 그러나 절대 그렇지 않다. 전자의 위치와 운동량은 둘 다 정확하게 측정할 수 없다. 그 물리적인

그림 1-15 ▪▪ 감마선현미경의 사고실험

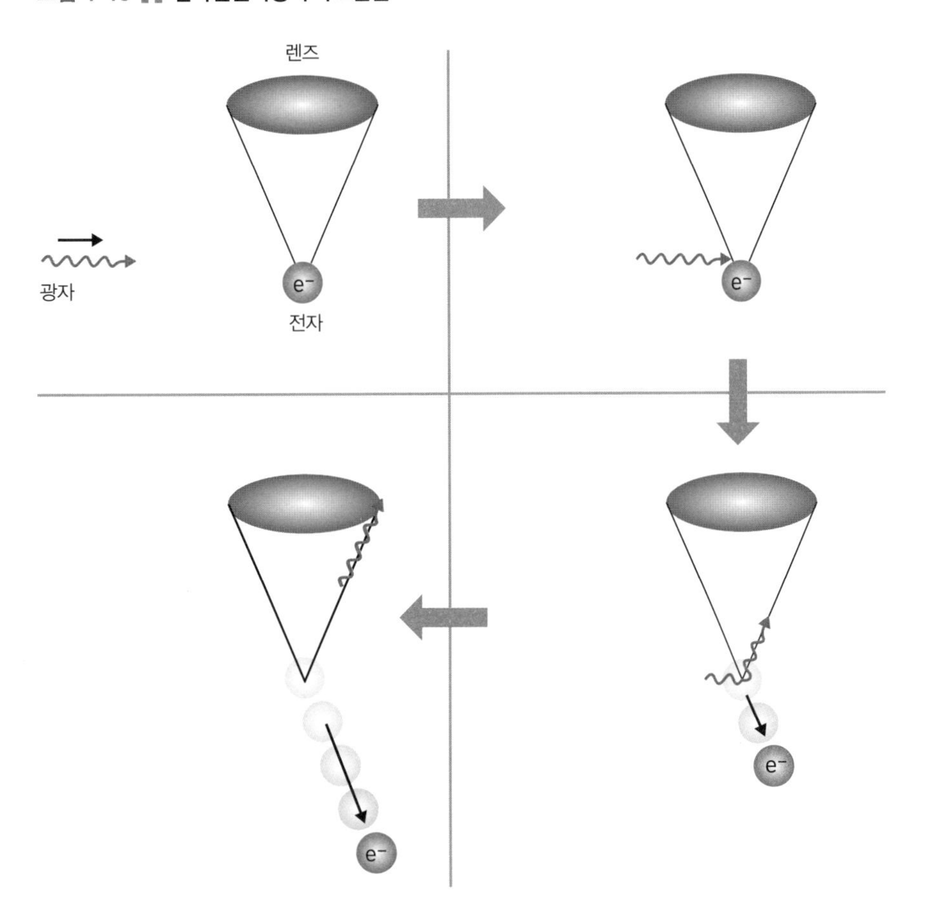

한계가 플랑크상수이다. 플랑크상수보다도 정확한 측정은 불가능하다. 자연에는 물리적인 측정의 한계가 존재한다. 그것이 하이젠베르크가 발견한 우주의 근본적인 구조, 즉 불확정성원리이다.

사고실험이란?

아오이 선생님, '사고실험'이 무엇인가요?

유카와 질문을 시작하는 사람은 항상 구몬인데 오늘은 웬일입니까?

레제 선생님, 구몬은 외출했습니다.

유카와 그래요? 어디 갔습니까?

아오이 엘빈의 정체를 알아내고 말 거라 중얼거리던데…….

유카와 좋습니다. '사고실험'이라는 것은 독일의 물리학자이면서 철학자인 에른스트 마흐•가 만들어낸 용어입니다. 말하자면 '뇌 시뮬레이션'이라고 할 수 있습니다. 당시는 컴퓨터가 없었기 때문에 계산기 시뮬레이션이라는 것이 없었습니다. 그래서 철학자나 물리학자들은 자신의 뇌를 이용해서 미지의 현상에 대해 시뮬레이션을 했습니다.

• **에른스트 마흐 (Ernst Mach, 1838~1916)** 오스트리아의 물리학자이자 철학자. 파동과 초음속에 관한 연구를 했다. 항공기나 로켓 등의 속도를 나타내는 단위인 '마하수'의 개념을 처음으로 도입했다.

레제 좀 다른 이야기입니다만 저도 한 가지 여쭤봐도 되나요?

유카와 물론입니다.

레제 양전하의 전자를 '양전자'라고 합니다.

유카와 그렇습니다.

레제 전하만 반대인 입자를 반입자라고 하고, 전하가 반대인 물질을 반물질이라고 합니다.

유카와 네. 맞습니다.

레제 그렇다면 원자핵을 이루는 중성자는 원래 전기적으로 중성이지만 전하가 없으므로 반입자는 없는 것이 아닐까요?

유카와 흠. 제법 날카로운 질문입니다. 그러나 중성자에는 반입자로서 반중성자라는 것이 있습니다. 하지만 전하가 없는 광자는 자신과 따로 구별되는 반입자라는 것이 없습니다(광자의 반입자는 광자 자신이므로). 실험적으로 볼 때, 중성자와 반중성자가 충돌하면 폭발하여 (광자 등의) 에너지를 생성합니다. 반면 중성자끼리 또는 반중성자끼리는 충돌해도 폭발을 일으키지 않습니다.

레제 그렇다면 이론적으로는 어떤가요?

유카와 중성자는 더 작게 분할됩니다. 세 개의 쿼크로 이루어져 있는 것으로 밝혀졌습니다. 중성자가 세 개의 쿼크로 이루어져 있듯이, 반중성자도 세 개의 반쿼크로 이루어져 있습니다. 쿼크는 전하를 가지고 있기 때문에 반입자가 존재하며 그 반입자가 반쿼크입니다.

아오이 운동량이란 무엇인가요?

유카와 이런, 제가 설명을 깜빡했습니다. 운동량은 질량에 속도를 곱한 물리량입니다. 물질 또는 양자가 가진 '운동의 정도'라고 할 수 있습니다.

레제 불확정이라는 것은 두 가지 물리량이 있을 경우 이쪽을 택할 수도 저쪽을 택할 수도 없는 상황인 셈인가요?

유카와 그런 셈입니다.

레제 어느 한 쪽의 물리량만 있다면 정확하게 측정할 수 있는 건가요?

유카와 네. 그렇습니다. 불확정성원리는 팽팽하게 맞서는 두 가지 물리량의 측정 정밀도가 서로 반비례 관계에 있음을 뜻합니다. 따라서 어느 한쪽만의 정밀도를 매우 높일 경우, 다른 한쪽의 물리량은 그만큼 정확한 값을 알 수 없게 됩니다.

실재론 VS 실증론

양자의 불확정성은 양자론이 불완전하여 생긴 것인가,
아니면 우주를 지배하는 근본적 질서인가?
여기에는 실재론과 실증론이라는 두 가지 사상적 배경이 깔려 있다.

"양자론은 불완전하다"고 주장했던 아인슈타인

아인슈타인은 1921년에 노벨 물리학상을 받았다. 수상에 이르게 한 업적은 상대성이론이 아니라 '광양자가설'이었다. 그때까지 전자기파로만 여겼던 빛에도 입자의 성질이 있다는 사실을 발견한 공로로 노벨상을 받은 것이다.

그러나 아인슈타인은 일생 동안 "양자론은 불완전하다"고 주장했다. 도대체 그 이유는 무엇일까? 아인슈타인은 양자론의 슈뢰딩거방정식이 양자를 확률적으로밖에 예측할 수 없는 것이 불만이었다. 또 그것과 깊은 관련을 맺는 하이젠베르크의 불확정성 원리도 양자론이 미완성이라서 일시적으로 생기는 '폐해'라고 생각했다.

아인슈타인과 뉴턴의 공통점

아인슈타인이 뉴턴을 뛰어넘었다고는 하지만 사실 그의 발상 자체는 뉴턴의 사고에 매우 가깝다. 왜냐하면 우주의 물리적인 현상은 완벽하게 계산해낼 수 있다고 보기 때문이다. 양자가 실재하여 그 성질도 완벽하게 결정되고 완벽한 이론이 있다면 계산도 가능하다는 사상이 바로 '실재론'이다.

이에 반해 양자론뿐만 아니라 원래 물리학 이론에서 다루는 것은 관측 장치의 데이터뿐이며, 이론으로 계산한 값이 실험 데이터의 수치와 맞아떨어지면 그것으로 충분하다는 사상이 '실증론'이다. 실증론에서는 이론이나 실험의 정밀도에 한계가 있는 것이 오히려 자연스럽다고 여긴다.

예를 들어 양자가 서울에서 부산까지 날아갔다고 하면 실재론 입장에서는 서울에서 부산까지 양자가 지나간 길이 실제로 존재한다고 생각한다. 그러나 실증론 입장에서는 그 과정을 실험 장치로 측정하지 않는 한, 정해진 길이 존재한다는 사실을 실제로 증명할 수 없기 때문에 이에 관하여 왈가왈부하는 것 자체가 무의미하다고 생각한다.

우리가 보지 않을 때 달은 존재하지 않는다?

실재론과 실증론의 입장을 설명하기 위해 자주 예로 등장하는 것이 달의 존재에 관한 질문이다.

질문 : 달을 등지고 있을 때, 달은 존재하는가?

이 질문에 대해 실재론자들은 '당연히 존재한다'고 주장한다. 그러나 실증론자들은 '관측하지 않아서 알 수 없다'고 주장한다. 달처럼 큰 물체에 관해서는 실재론의 주장이 더 타당해 보이지만, 양자와 같이 작은 물체에 관해서는 관측으로 상태가 바뀔 수 있으므로 실재론과 실증론은 좋은 맞수라고 할 수 있다.

아인슈타인은 1926년에 막스 보른에게 다음과 같은 내용의 편지를 보냈다.

그림 1-16 ∷ 달은 존재하는가, 존재하지 않는가?

“이 이론의 성과는 크지만, 신의 비밀에 다가서기에는 턱없이 부족하네. 여하튼 나는 신이 주사위를 던지지 않는다고 믿네.”

아인슈타인은 확률적인 예측에 만족하는 실증론자를 실재론의 입장에서 비판하고 있는 것이다.

난센스인가 그렇지 않은가의 갈림길

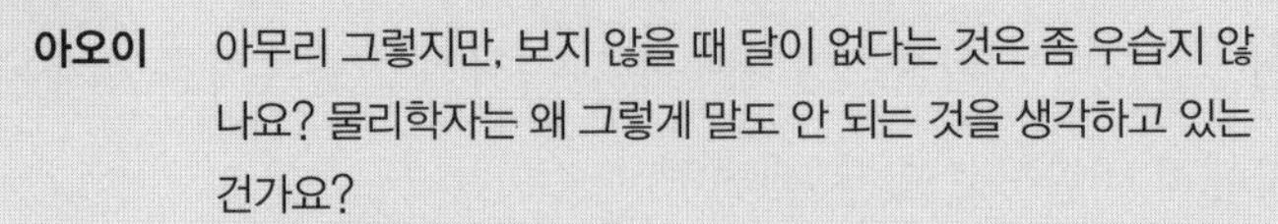

아오이 아무리 그렇지만, 보지 않을 때 달이 없다는 것은 좀 우습지 않나요? 물리학자는 왜 그렇게 말도 안 되는 것을 생각하고 있는 건가요?

레제 맞아. 말도 안 되는 소리지.

유카와 달 이야기는 좀 지나치지만, 극히 작은 양자라면 관측하지 않을 때 그것들의 존재 여부는 아주 큰 문제라고 할 수 있습니다.

아오이 구체적으로 어디서부터 어디까지가 난센스인지 정해져 있나요? 가령 선을 그어 분별할 수 있나요?

유카와 대략적으로는 알 수 있습니다. 물체를 측정할 때 불확정성이 적용되는지 아닌지가 갈림길이라고 보면 됩니다.

레제 구체적인 예로 그 물체가 가진 에너지에 관측 시간을 곱한 값이 플랑크상수 정도라는 것인가요?

아오이 왜 그런가요?

유카와 불확정성은 플랑크상수 크기 정도라고 할 수 있습니다. 그리고 플랑크상수의 차원…(미터나 초나 킬로그램을 곱하거나 나눈 단위인데)…그 차원은 에너지 차원에 시간 차원을 곱한 것입니다.

아오이 전에 말씀하실 때, 플랑크상수의 차원이란 길이 차원에 운동량 차원을 곱한 것이라고 하지 않으셨나요?

레제 그러셨지. 미터라는 길이 차원(m)에, 킬로그램(kg)×미터 나누기 초(m/s), 즉 운동량의 차원(kg · m/s)을 곱한 것은 에너지 차원(J)에 시간 차원(s)을 곱한 것과 같다고 말씀하셨지.

유카와 음, 운동에너지를 ($1/2 \cdot mv^2$)라고 적지요? 질량 m의 차원은 킬로그램이고 속도 v의 차원은 '미터 나누기 초'니까 에너지 차원은 $kg \cdot m^2/s^2$이 됩니다.

아오이 물리라는 것은 어느 한 가지 생각에서 시작해서 생각이 꼬리에 꼬리를 물듯이 계속되는 것 같아요.

'슈뢰딩거의 고양이' 패러독스에 대한 고찰

1-11

실재론과 실증론의 논쟁으로 유명해진 고양이가 있다.
그것은 슈뢰딩거의 사고실험에 등장하는 고양이로
'슈뢰딩거의 고양이'라고 불린다.

고양이는 물리학의 대가?!

고양이는 물리학에 자주 등장한다. 조금 오래된 예이기는 하지만 만화 『이나카페대장』에 나오는 고양이 냥코 선생의 공중 3회전이 있다. 이 유도 기술은 1894년 영국의 과학 전문 잡지 《네이처》 51호 80페이지에 사진과 함께 실렸다.

이 과학 논문에서는 고양이가 거꾸로 떨어져도 네 발로 착지하는 사실에 주목한다. 이 사실은 물리학에서도 유명하다. 이것은 피겨스케이트 선수가 회전할 때 벌리고 있던 팔을 몸에 붙이는 것과 같은 원리이다. 다시 말하면 물체는 회전반지름이 크면 회전하기 어렵고 회전반지름이 작으면 회전하기 쉬운 원리이다. 전문 용어로는 '관성모멘트(moment of inertia)가 크면 회전하기 어렵고 관성모멘트가 작으면 회전하기 쉽다'고 한다.

머리를 위쪽으로 향한 채로 낙하하는 고양이는 본능적으로 뒷다리를 뻗고 앞다리를 구부린 채 머리만 회전시킨다. 그 다음에 앞다리를 뻗고 뒷다리를 구부린 채 엉덩이 부분을 돌린다. 2단계에 걸쳐 회전한다. 즉 처음에는 머리 부분의 회전반지름을 작게 하고 엉덩이 부분의 회전반지름을 크게, 다음에는 그 반대로 한다. 어떤 의미에서 고양이는 '물리학의 대가'라고 할 수 있다.

■ **보충**

《네이처》는 영국의 과학 전문 잡지로 미국의 《사이언스》와 함께 세계에서 가장 권위 있는 과학 잡지이다. 《네이처》와 《사이언스》의 큰 차이는 기부에 의한 경영인가 아닌가에 있다. 《네이처》는 잡지 판매만으로 운영되고 있고, 《사이언스》는 기부에 의해 운영된다. 따라서 《네이처》는 독자의 호기심을 자극하기 위해 새로운 가설이나 이론에도 민감하게 반응하는 반면, 《사이언스》는 보수적이라고 할 수 있다. 가이아가설(Gaia hypothesis)로 유명한 영국의 과학자 제임스 러브록(James Lovelock, 1919~)의 논문은 《네이처》에 십수 편이 실렸고 게재가 거부된 것은 단 1편이었다고 한다. 반면 《사이언스》에는 3편의 논문을 보냈지만 3편 모두 거부되었다고 한다.

고양이와 양자역학

고양이의 회전 낙하 문제는 고전역학의 문제이다. 그러나 양자론에도 고양이는 등장한다. 그 고양이는 양자역학의 창설자 중 한 사람인 슈뢰딩거의 사고실험에 등장하는 '슈뢰딩거의 고양이'이다.

양자역학의 양대 기본 원리는 중첩의 원리(principle of superposition)와 불확정성원리(uncertainty principle)이다. 양자역학은 이 두 원리를 양대 축으로 건설되어 있다고 해도 과언이 아니다.

그림 1-17 ∷ 양자역학의 구조

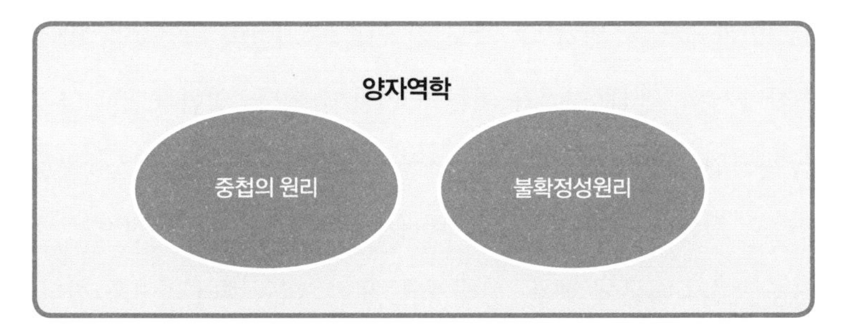

불확정성원리에 관해서는 구소련의 이론물리학자 레프 란다우(Lev Davidovich Landau, 1908~68)와 이브게니 미하일로비치 리프시츠(Evgeny Mikhailovich Lifshitz, 1915~85)의 대작 『이론물리학 교본(*Course of Theoretical Physics*)』(총 10권)에서 인용하기로 한다.

> 원자적 현상을 지배하는 역학-소위 양자역학 또는 파동역학-은 운동에 관한 고전역학의 생각과 근본적으로 다른 입장에서 건설되지 않으면 안 된다. 양자역학에는 입자의 궤도라는 것이 존재하지 않는다. 이것이 바로 양자역학의 기본 원리 중 하나인 불확정성원리의 내용이다. 이는 1927년 베르너 하이젠베르크가 발견했다.
>
> 하지만 불확정성원리는 고전역학의 일반적인 생각을 거부하는 점에서 조금 소극적이다. 또 이 원리만을 기초로 입자의 새로운 역학을 세우기에는 역부족이다. 이러한 이론을 기초로 더욱 적극적인 주장이 있어야만 한다.
>
> 『이론물리학 교본』 제3권 『양자역학 : 비상대론적 이론(*Quantum Mechanics: Non-Relativistic Theory*)』에서 발췌

이와 관련한 적극적인 주장이 바로 파동함수 중첩의 원리이다. 고전역학에서는 '위치'나 '속도'가 이론의 기반이 되었지만, 양자역학에서는 '상태(state)'가 이론의 기반이 된다. 일반적으로 그리스 문자인 Ψ로 표기한다. Ψ는 시간 t와 위치 x의 함수이므로 Ψ(t, x)라고 적는다. 수학적으로는 힐베르트공간●이라는 추상적인 벡터공간이기 때문에 Ψ를 '상태벡터' 또는 '파동벡터'라고도 한다. 경우에 따라서는 '파동함수'라고도 한다. 파동이라고 해도 실제 3차원 공간에 있는 실체의 파가 아니라 어디까지나 확률의 파이다. 결국 Ψ는 '사건이 발생하는 확률'과 관련이 있다.

● **힐베르트공간 (Hilbert Space)**
유클리드공간을 무한 차원으로 확장한 공간이다.

슈뢰딩거의 고양이와 중첩의 원리

슈뢰딩거의 고양이를 예로 들어 '중첩의 원리'를 설명하기로 한다. 슈뢰딩거는 기묘한 사고실험을 생각해냈다. 먼저 상자에 고양이를 넣는다. 그 상자 안에는 방사성물질과 가이거계수관(Geiger counter)●, 그리고 독 발생 장치가 들어 있다. 방사성물질은 매우 양이 적어서, 언제 붕괴되어 방사선이 나올지 알 수 없다. 3초 후에 나올지, 1만 년 후에 나올지 아무도 모른다. 만약 방사선이 나온다면 그것을 가이거계수관이 검출하게 되고 이어 독 발생 장치가 작동을 한다. 결국 고양이는 죽게 되는 것이다. 시간 내에 방사성물질이 붕괴될 확률은 50퍼센트이고 붕괴되지 않을 확률도 50퍼센트이다. 이는 양자론으로 예측된 확률이다.

● **가이거계수관**
가이거·뮐러계수관이라고도 한다. 방사능의 세기를 방사선량으로 나타낸다.

그림 1-18 ■■ 슈뢰딩거의 고양이

양자역학에 따르면 모든 것은 파동함수가 중첩하는 것이므로 상자 안에 있는 고양이의 상태는 살아 있는 상태인 함수 Ψ와 죽어 있는 상태인 함수 Ψ의 중첩, 즉 다음과 같은 식으로 나타낼 수 있다.

$$\frac{(\Psi_{生} + \Psi_{死})}{\sqrt{2}}$$

두 상태에는 $1/\sqrt{2}$ 이라는 계수가 있다. 이것을 제곱한 것이 확률이다. 따라서 고양이가 살아 있을 확률은 $1/\sqrt{2}$ 의 제곱이므로 1/2, 고양이가 죽어 있을 확률도 $1/\sqrt{2}$ 의 제곱이므로 1/2이다. 결국 고양이가 살아 있을 확률과 죽을 확률은 반반이라는 이야기다.

슈뢰딩거의 고양이는 절반은 살아 있고 절반은 죽은 '유령'과 같은 존재이다. 양자역학을 두고 슈뢰딩거의 고양이처럼 유령과 같은 역학이라고 한다. 그러나 이것은 비유적인 표현이다. 원래 슈뢰딩거는 확률파라는 추상적인 생각을 좋아하지 않았다. 따라서 파동함수를 3차원 공간에 실제로 존재하는 파(실재파)로 해석하려고 하였다. 고양이의 사고실험도 "유령 같은 고양이? 말도 안 된다!"라고 하면서 확률의 중첩을 논파하는 패러독스를 제기하였다.

양자역학은 기묘한 역학

여하튼 양자역학은 기묘한 역학임에 틀림없다. 이 세상을 구성하는 극미립자를 소립자라고 하는데, 이 소립자는 양자역학을 충실히 따른다. 소립자의 기묘한 성질에 관해서는 도모나가 신이치로의 저서를 인용하기로 한다.

> 모든 물질은 전자, 양성자, 중성자, 중간자 등의 소립자로 이루어져 있다. 이들을 우리가 일반적으로 입자라고 부르는 것, 즉 쌀알이나 돌멩이 등을 그저 작게 부숴 놓은 것이라고 생각해도 되는 것일까? (중략) 우리 눈에 보이고 손으로 만질 수 있는 물질의 여러 가지 성질, 즉 색깔, 온도, 굳기 등은 이들 소립자가 결합하는 방식에 따라 달라지므로 소립자 자신은 색도 온도도 굳기도 가지지 않는 것은 말할 필요도 없다. 부정적으로

표현하면, **소립자는 색을 가진다든지 온도를 가진다든지 하는 문장의 주어가 될 수 없다.**

일반 입자와 달리, 소립자는 '공간의 어디어디에 위치한다'는 식의 문장과 '운동량이 어떤 값을 가진다'는 식의 문장을 '동시에'라는 단어로 연결한 것과 같은 문장의 주어가 될 수 없다. 간단히 말하면 **소립자는 위치와 운동량의 정확한 값을 동시에 가질 수 없다.**

전자나 광자, 그 밖에 소립자도 위치와 운동량의 정확한 값을 동시에는 가질 수 없는 사실로부터 도출되는 결론은 **소립자는 운동 과정도 역시 정확히 알 수 없다**는 사실이다.

(도모나가 신이치로 『거울 속의 물리학』)

그림 1-19 ▪▪ 도모나가 신이치로(朝永振一郎, 1906~79)

20세기 일본을 대표하는 이론물리학자. 철학자 도모나가 산주로(朝永三十郎, 1871~1951)의 맏아들로 도쿄에서 태어났다. 초다시간이론과 도모나가 · 슈윙거이론을 발표하였다. 양자전기역학 분야를 개척 · 연구한 업적으로 1965년 노벨 물리학상을 받았다.

문체가 훌륭한 수필을 다수 남겼던 작가답게, 도모나가 신이치로의 이 같은 능수능란한 설명은 다시 찾아보기 힘들다. 여기서도 양자역학이 비상식적이며 기묘한 것을 잘 알 수 있다.

슈뢰딩거가 울린 경종

슈뢰딩거는 자신이 양자론을 완성시켰지만 자신의 방정식에 나오는 파동함수 Ψ가 실재파를 나타낸다고 믿어 의심치 않았다. 결국 슈뢰딩거와 아인슈타인은 '확률파'라는 개념을 이해할 수 없었던 것이다.

슈뢰딩거는 실증론자, 즉 코펜하겐 학파가 옳다고 가정하면 모순이 생기는 예를 제시하여 실재론이 옳다는 것을 증명하려 했다. '슈뢰딩거의 고양이'의 경우, 실증론자들은 어느 시간 내에 방사성 물질이 붕괴되는 상태와 붕괴되지 않는 상태가 '중첩되어 있다'고 주장한다. 둘 중 어느 한 상태가 실재하지 않는 한, 이것은 50대 50의 확률이라는 것이다.

실재론자들은 원래 양자의 성질이 실재한다(원래는 성질이 확정되어 있지만 인간이 이를 알지 못하는 것뿐이다)고 생각한다. 따라서 방사성물질도 붕괴하느냐 안 하느냐의 어느 한 쪽일 뿐 50대 50의 중첩이라는 입장은 이해할 수 없다는 것이다.

양자 차원에서는 어느 한 입장만 옳다고 주장하지 않으면 큰 문제가 없지만, 이 실험에서는 양자 세계의 계산이 고양이의 생사와 직결되어 있다. 실증론의 주장을 그대로 받아들인다면 상자 안의 고양이는 살아 있는 상태가 50퍼센트, 죽어 있는 상태가 50퍼센트인 정말 기묘한 상황이 되고 마는 것이다. 슈뢰딩거는 상태가 확정되지 않은 (실재하지 않는) 실증론의 생각이 어느 누구도 인정할 수 없는 말도 안 되는 결과를 낳게 된다고 경종을 울리고 있는 것이다.

고양이 엘빈 이야기

돌아온 구몬과 엘빈

(구몬과 엘빈이 나타난다.)

구몬 꺄악!

엘빈 후우!

아오이 (털을 곤두세우며 떨고 있는 엘빈을 다독거리면서 안는다.)
엘빈, 괜찮니? 가엾어라. 이렇게 떨고 있다니!

구몬 야, 사람인 나보다 고양이가 더 소중하단 말이야! 이 얼굴 좀 보란 말이야. (발톱 자국이 난 자신의 얼굴을 가리킨다.)

레제 구몬이 잘못했어.

아오이 레제 말이 맞아.

유카와 구몬 군이 엘빈을 건드리니까 그렇지요.

구몬 선생님마저! 저는 엘빈이 안됐다는 생각에 유령의 세상에서 구해주려고 이런저런 실험을 한 것뿐이에요.

레제 실험? 대체 무슨 실험을 했는데?

구몬 흠, 좋은 질문이야. 먼저 유령을 쫓으려고 심령술사에게 데려갔고, 다음에는 유원지에 있는 유령의 집에 데려가서 누가 더 무서운지 시험해보고…….

레제 어이가 없군. 다음 수업으로 넘어갈까요?

'슈뢰딩거의 고양이'에 관한 현대적 전개

놀랍게도 '삶과 죽음이 중첩된 상태'에 있는
슈뢰딩거의 고양이가 실제로 가능하다는 것이 실험으로 입증되었다.

여러 실험 속의 중첩 현상

슈뢰딩거의 고양이가 반은 살아 있고 반은 죽어 있다는 사실은 난센스이다. 그러나 이는 실재론이 옳고 실증론이 틀리기 때문만은 아니다. 그 이유는 단지 '고양이는 체온이 높고 덩치가 커서 양자처럼 움직이지 않기' 때문이다.

온도가 낮고 작은…… 예를 들면 전형적인 양자로서 베릴륨 원자가 있다. 한 개의 베릴륨 원자가 한 장소와 그곳에서 80나노미터 떨어진 장소, 즉 두 장소에 동시에 있는 중첩 상태가 존재한다는 사실이 1996년 실험으로 입증되었다(《사이언스》 1996년 5월 24일호).

80나노미터란 약 1000만 분의 1미터이며 베릴륨 원자 크기의

10배 정도나 되는 거리이다. 결국 양자는 자기 크기의 약 10배가 넘는 거리에 동시에 존재할 수 있는 것이다. 이 '동시에 존재하는 것'을 '중첩'이라고 한다. 그러나 어느 쪽에 있는지는 50퍼센트의 확률이어서 이는 인간이 알지 못할 뿐만 아니라 베릴륨 자신도, 심지어 신조차도 알지 못하는 것이다.

또 다른 예도 있다. 2000년에는 회로를 따라 흐르는 전류에서, 오른쪽으로 따라 도는 상태와 동시에 왼쪽으로 따라 도는 상태의 중첩 현상이 존재한다는 연구 결과도 보고되었다(《사이언스》 2000년 10월 27일호).

이러한 실험의 예는 양자 세계에서 슈뢰딩거의 고양이는 전혀 이상하지 않다는 사실을 보여주고 있다. 양자는 어디까지나 확률로밖에 논할 수 없는 존재이며 확률에 따라서 여러 상태의 중첩이 가능한 존재이다.

슈뢰딩거방정식에는 왜 허수가 등장하는가?

슈뢰딩거방정식에는 허수가 등장한다. 이것은 양자론을 이해하는 데 매우 중요한 부분이다. 지금까지 고전물리학에서는 한쪽 세계밖에 다루지 않았다. 이에 반해서 양자역학에는 '내부과 외부'라는 두 가지 세계가 존재한다.

여기서 '외부 세계'는 뉴턴역학의 세계와 매우 비슷하다. 양자역학을 이용하여 계산하여도 전자의 위치는 분명하게 결정된다. 측정 장치를 이용하여 어떤 양자가 어디에 있는지를 기록하면, 그 위치 기록은 필름에 검은 점이 남듯이 그 자리에 존재한다. 이것이 바로 외부 세계이다. 이 세계는 실수로 기술된다.

그러나 양자에는 '내부 세계'도 있다. 이 세계는 복소수(허수)라는 수로 기술된다. 뉴턴역학에는 복소수가 그다지 필요 없다. 그러나 양자역학에는 복소수가 필수불가결한 존재이다. 우리는 복소수의 세계를 눈으로 볼 수 없다. 실수만의 세계에 살고 있기 때문이다. 관측 장치가 기록하는 숫자는 모두 '실수'의 세계이다. 하지만 방정식이 기술하는 현실에서 일어나는 양자의 움직임은 복소수의 세계에서 일어나고 있는 것이다. 그렇다면 우리가 살고 있는 이 세계 역시 복소수로 이루어져 있다고 생각해도 되지 않을까?

동시에 존재할 '가능성'

우리는 외부 세계밖에 보지 못한다. 그러나 양자역학을 연구해 나가면 실수만으로는 절대 이 우주를 기술할 수 없다는 것을 알게 된다. 복소수가 필요한 부분이 반드시 있기 때문이다.

복소수의 세계에 존재하는 것은 파동함수라는 정체를 알 수 없는 파의 성질을 가진 그 '무언가'이다. 이것은 물질이 아니기 때문에 파도 아니고 입자도 아니다. 파와 입자의 성질을 동시에 가지며 확률적으로밖에 예측할 수 없는 불가해한 존재이다. 그 파동함수는 복소수의 세계에 존재한다. 거기에 있는 것은 '모든 가능성'이다.

우리는 머릿속으로 생각한다. 복권을 샀는데 혹시 당첨되지는 않을까, 내일 비가 올 확률이 얼마일까 등등 여러 가지 가능성을 생각한다. 그러나 이 모든 가능성이 '실재한다'고는 생각하지 않는다. 하지만 양자의 세계에서 모든 '가능성'이 똑같이 동일 선상의 '가능성'으로 존재하는 것이다. 그리고 그 가능성 중 어느 하나가 실제로 일어나는 것이다.

이 세상의 상식으로는 이해할 수 없는 '중첩'

아오이 그런데 슈뢰딩거는 정말 자신의 고양이를 독이 든 상자 안에 넣었나요?

유카와 아니, 전혀 아닙니다. 슈뢰딩거의 고양이는 슈뢰딩거가 논문에 적었지만, 실제로 실험을 한 것이 아닙니다. 순수한 두뇌 시뮬레이션, 다시 말하면 시고실험인 것입니다.

아오이 그런데 중첩의 의미를 잘 모르겠어요.

유카와 양자 상태의 중첩은 뉴턴의 고전적 세계관으로는 절대로 이해할 수 없는 새로운 개념입니다. 양자론이 새롭게 밝혀낸 것이 있다면 이 우주가 놀랍게도 실수로 결정되는 세계와 복소수의 확률적인 세계인 이중의 구조로 돼 있는 사실일 것입니다. 복소수의 확률적인 세계인 인류의 길고 긴 역사 속에서 아무도 모르게 가려져 있었던 것입니다.

레제 슈뢰딩거와 하이젠베르크가 나타나기 전까지는 말이죠?

유카와 그렇습니다. 그리고 중첩은 복소수의 확률적인 세계에서만 적용되므로 실수의 세계에서 통하는 상식으로는 도무지 이해가 안 되는 것이 당연한 일입니다.

아오이 지금 여기 있음에도 아무도 모르는 또 다른 세계가 있다?

유카와 그런 이미지와 비슷하다고 할 수 있습니다.

봄의 양자 퍼텐셜로 본 '이단의 양자론'

정통 양자론 교과서나 해설서는 수없이 많지만 그것을 읽고도 솔직히 잘 모르겠다는 사람들이 많다. 그것은 정통파의 해석이 우리들의 소박한 상식과는 맞지 않기 때문이다. 이 장에서는 그러한 불만을 풀기 위해 우리의 직관에 가까운 '봄 학파'의 양자론을 들여다보기로 한다.

파동과 입자로 해본 이중 슬릿 실험

양자를 이해하는 방법으로 '이중 슬릿 실험'이 있다.
이 실험을 통하여 파동과 입자와 양자의 다른 점에 대하여 살펴본다.

슬릿이라는 것은 예를 들면 중국 여성들이 입는 '치파오'의 옆트임과 같은 것으로 '틈'이라는 뜻이다. 물리학에서 벽에 작은 틈이 있어서 여러 가지가 그 틈을 통과하는 상황을 설정하는 것이다. 그 틈이 하나가 아니라 두 개 있는 것을 '이중 슬릿'이라고 한다.

파동의 실험 결과

파동의 이중 슬릿 실험을 이해하기 위해 수조를 예로 들어보겠다. 수조 한가운데 단일 슬릿과 이중 슬릿 두 개의 슬릿이 있다. 단일 슬릿의 왼쪽에서 수조를 흔들어 물을 움직이면 그 파동은 오른쪽으로 전달되어 순차적으로 두 개의 슬릿을 통과한다. 즉 단일 슬릿의 틈을 새로운 파동원(S_0)으로 하여 구면파가 퍼져 나간다. 그리고 이중 슬릿에 이르면 두 틈을 새로운 파동원(S_1, S_2)으로 하여 두 개의 구면파가 퍼져 나간다. 이때 두 구면파는 서로 부딪치며 간섭을 한다. 그림 2-1을 보면 쉽게 이해할 수 있을 것이다.

가장 오른쪽에 파의 세기를 기록하는 장치(여기서는 스크린)를 설치해 두자. 그러면 거기에는 파의 세기를 나타내는 모양이 나타난다. 이것을 '간섭무늬'라고 한다. 스크린에 간섭무늬가 나타나면 거기에 파가 있었던 것을 알 수 있다.

여기서 주의할 점은 이 간섭무늬가 검은색(상쇄간섭)에서 흰색(보강간섭)으로 부드럽게 단계적으로 변화하는 사실이다. 파의 높이가 스크린의 위치에 따라서 천천히 변해가기 때문이다.

그림 2-1 ∷ 이중 슬릿 실험(파동)

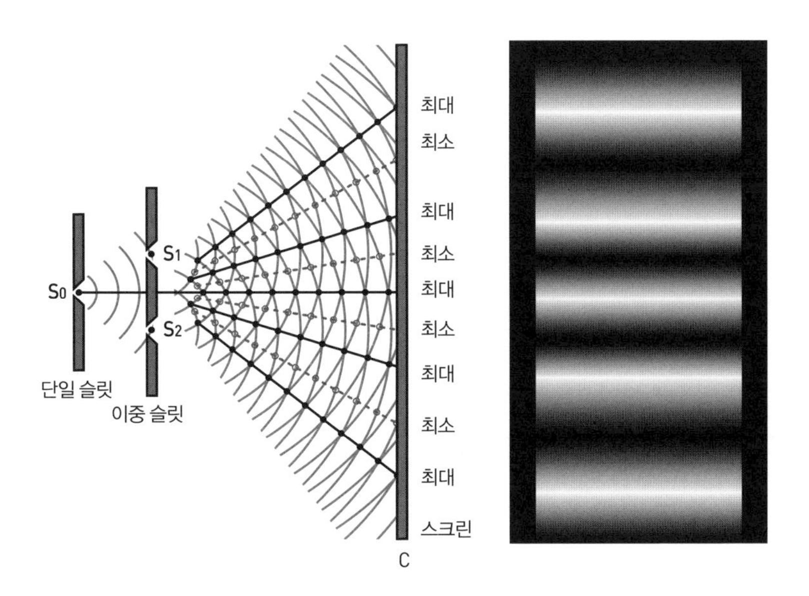

입자의 실험 결과

같은 이중 슬릿 실험이라도 파동이 아닌 입자를 사용하면 결과가 완전히 달라진다. 물에서 생기는 파도 대신에 총알과 같은 입자를 이용한 실험을 설명하려면, 먼저 이중 슬릿이 아닌 단일 슬릿의 경우를 살펴보아야 한다. 그리고 기관총처럼 한 번에 많은 총알을 발사하면 헷갈리기 때문에 먼저 한 발을 발사할 경우를 생각해보자. 당연한 일이지만 총알이 틈을 통과했다면, 스크린에 총알의 흔적이 한 개 생길 것이다. 총알이 틈을 통과하지 못하고 도중에 벽에 부딪치고 말았다면, 스크린에는 아무런 흔적도 남지 않을 것이다.

그림 2-2 단일 슬릿 실험(입자가 한 개인 경우)

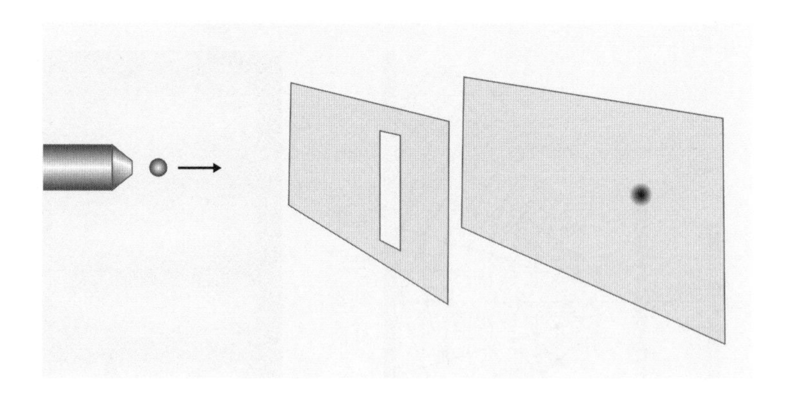

다음으로는 여러 발의 총알을 발사해보기로 하자. 그러면 예상 대로 스크린에 틈과 같은 모양의 검은 띠가 생긴다.

그림 2-3 ▪▪ 단일 슬릿 실험(입자가 여러 개인 경우)

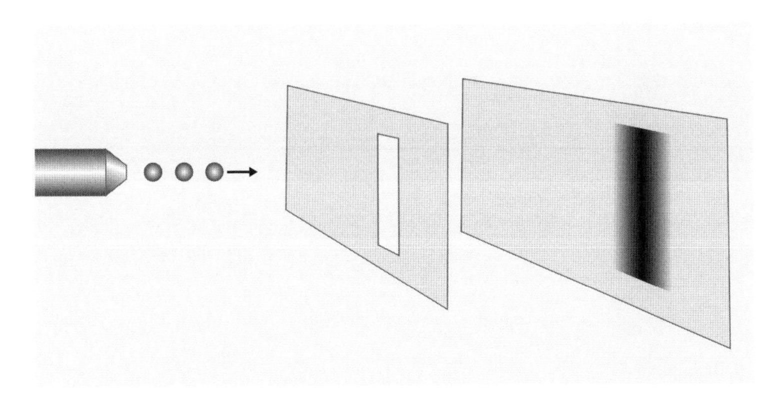

마지막으로 단일 슬릿을 이중 슬릿으로 교체하고 총알을 많이 발사해보자. 그러면 스크린에는 두 개의 검은 띠가 생길 것이다. 이들은 각각 서로 다른 틈을 통과한 총알로 생긴 흔적이다.

그림 2-4 ▪▪ 이중 슬릿 실험(입자)

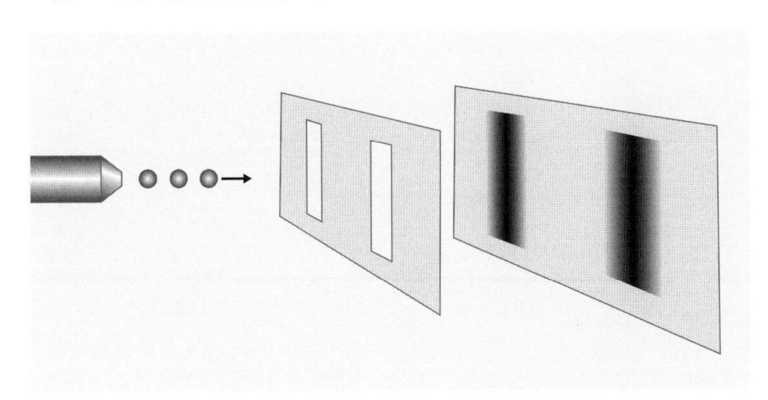

여기서 중요한 것은 검은 띠가 두 개밖에 없다는 사실이다. 중간에는 아무런 흔적도 생기지 않는다. 또 하나 잊어서는 안 될 것이 있는데, 이 띠를 가까이에서 보면 하나하나의 점을 식별할 수 있는 것이다. 이것은 총알에 의한 흔적이기 때문이다.

양자를 이해할 수 있는 또다른 이중 슬릿 실험

2-2

파동이냐 입자냐에 따라서 이중 슬릿의 실험 결과가 달라지는 것을 알았다.
그렇다면 양자(quantum)를 이용하면 결과는 어떻게 될까?

양자의 이중 슬릿 실험 결과

결과부터 말하면 양자를 이용한 이중 슬릿의 실험 결과는 파동의 실험 결과와 입자의 실험 결과에서 본 특징을 동시에 지닌다. 파동과의 공통점은 스크린에 '간섭무늬'가 생기는 점이다. 이 점에서 양자는 파동의 성질을 띠고 있다는 것을 알 수 있다.

입자와의 공통점은 스크린에 '총알의 흔적과 같은 점'이 생기는 것이다. 가까이에서 보면 양자가 있었던 자리에만 검은 점이 남아 있는 것을 확인할 수 있다. 이런 점에서 양자는 입자의 성질을 띠고 있다. 양자를 완전한 파라고 할 수는 없다. 왜냐하면 간섭무늬가 단계적으로 부드럽게 나타나는 것이 아니라 점들의 집합으로 나타나기 때문이다. 동시에 양자는 완전한 입자도 아니다. 왜냐하면 파에만 나타나는 간섭무늬가 나타나기 때문이다.

그림 2-5 ∷ 이중 슬릿 실험(양자)

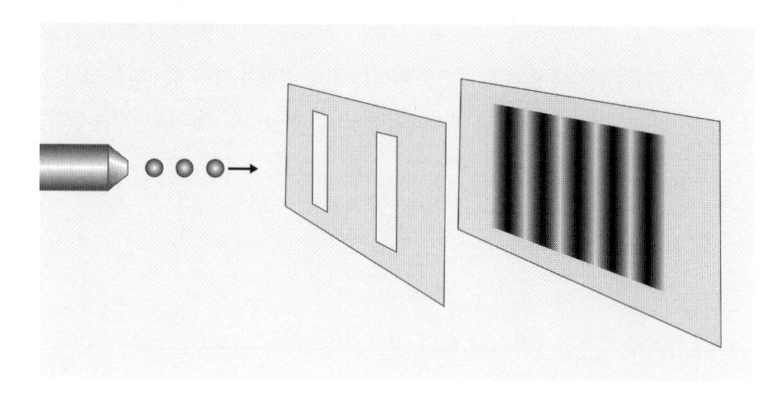

간섭무늬가 생기는 기묘한 현상

왜 간섭무늬가 생기는 것일까? 파의 경우, 이중 슬릿에서 위쪽의 틈 S_1을 통과한 구면파와 아래쪽 틈 S_2를 통과한 구면파가 서로 간섭을 한다. 이때 그 세기에 의해서 스크린에 간섭무늬가 나타난다. 그림 2-6에서 볼 수 있듯이 양자의 경우는 한 번에 한 개씩 발사하는 방법으로 실험을 해도 시간이 지나면 점차 간섭무늬가 나타나는 것을 알 수 있다.

그림 2-6 이중 슬릿 실험(양자)의 결과

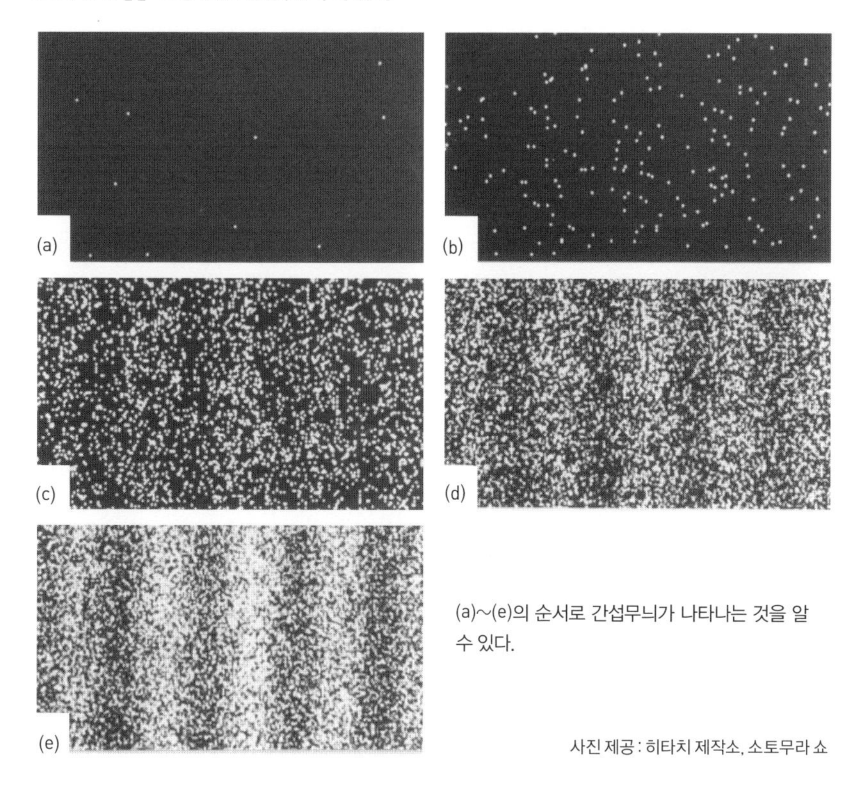

(a)~(e)의 순서로 간섭무늬가 나타나는 것을 알 수 있다.

사진 제공 : 히타치 제작소, 소토무라 쇼

시간 간격을 충분히 두었기 때문에 먼저 발사한 양자와 그 다음에 발사한 양자가 도중에 부딪치거나 상호작용을 할 수는 없다. 한 발 쏘고 그것이 스크린에 점이 되어 사라지고 나면, 다음 양자를 발사한다.

한 발씩 발사하고 있는데 왜 간섭무늬가 나타나는 것일까? 사실 양자는 입자이면서 동시에 파(동)이기 때문에 발사할 때는 입자라고 생각되어도 도중에 이중 슬릿을 통과할 때는 파동성이 나타나 동시에 두 개의 틈을 통과한다. 이어 스크린에 도달해 어딘가에 흔적을 남길 때는 다시 입자의 성질이 나타나는 것이다.

우리는 항상 '파동인가 입자인가'로 양자택일을 하려 하기 때문에 그 현상이 묘하게 여겨지는 것이다. 양자는 '파동이면서 동시에 입자이기도 한 존재'인 것이다.

고양이 엘빈 이야기

이중 슬릿 실험 결과도 중첩과 관계가 있다?

아오이 입자는 한 번에 한 개의 틈만 통과하지만 파는 동시에 두 개의 틈을 통과합니다. 이해하기 어려운 이야기이지만 이것도 중첩과 관련이 있나요?

유카와 매우 훌륭한 질문입니다. 구몬, 아오이의 질문에 대답해보는 게 어떤가요?

구몬 으으으음.

레제 구몬!

구몬 저…… 그게…….

유카와 그러면 레제는 어떤가요?

레제 네. 엘빈이 복소수의 확률적인 세계에서 '생과 사'의 중간 상태에 있는 것과 마찬가지로, 양자도 '내부 세계'에서는 '아래쪽 틈을 통과한 상태'와 '위쪽 틈을 통과한 상태'가 중첩되어 있다고 설명할 수 있지 않을까요?

유카와 그렇습니다. 그리고 관측, 즉 최종 도달 지점에서 양자가 관측 장치(스크린)와 상호작용하여 화학 반응이 일어나 검은 점의 형태로 '외부 세계(실수 세계)'에 나타난 것입니다.

아오이 우리는 결국 최종적인 '외부 세계'밖에 보지 못하기 때문에 '내부 세계'에서 '외부 세계'로 가는 중간 과정까지도 외부 세계의 감각으로 이해하려고 하는 것 같아요. 그러다 보니 모순이 생기는 것처럼 여기는 것 같습니다.

유카와 네. 맞습니다. 아오이 군이 제대로 이해하였습니다.

양자론으로 밝혀낸 원자의 모습 2-3

양자는 입자일까, 아니면 파일까? 양자는 구체적으로 어떤 '모습'일까?
여기서는 이 물음에 대하여 생각해보기로 한다.

고전적 원자 모델

가장 간단한 수소 원자를 생각해보자. 수소 원자는 한 개의 원자핵과 한 개의 전자로 된 우주에서 가장 단순한 원자이다. 수소 원자의 원자핵과 전자는 모두 양자이다. 양자의 개념을 모른다고 전제하고 뉴턴의 고전역학으로 생각하면 이들은 어떤 모습일까? 한가운데 원자핵이라 부르는 구체가 있고 그 주위를 전자라는 작은 구체가 돌고 있다고 볼 것이다. 즉 태양계와 같은 구조로 보는 것이다(태양계 모델).

그림 2-7 ▪▪ 고전적 원자 모델

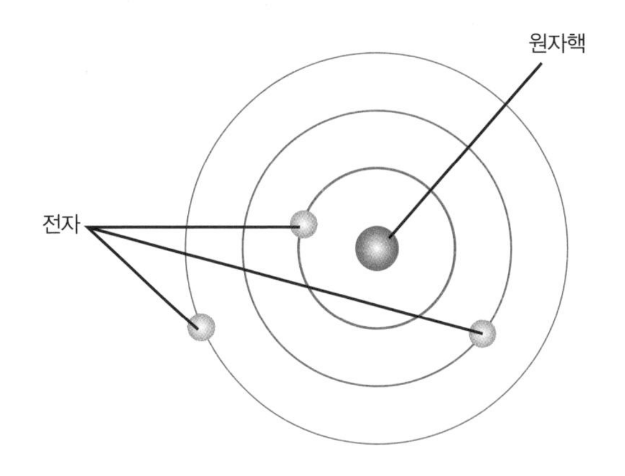

그러나 태양계 모델에서는 원자핵 주위를 돌고 있는 전자가 가속도운동을 하기 때문에 빛(전자기파)을 주변으로 방출한다(이것은 실험으로 입증된 사실이다). 따라서 전자기파의 방출과 함께 에너지를 잃게 된다. 그러면 어떻게 될까? 에너지를 잃어버리면 그 궤도를 유지할 수 없게 되어 원자핵 쪽으로 빨려 들어가 버린다.

그림 2-8 ▪▪ 한순간에 붕괴하는 러더퍼드의 원자 모델

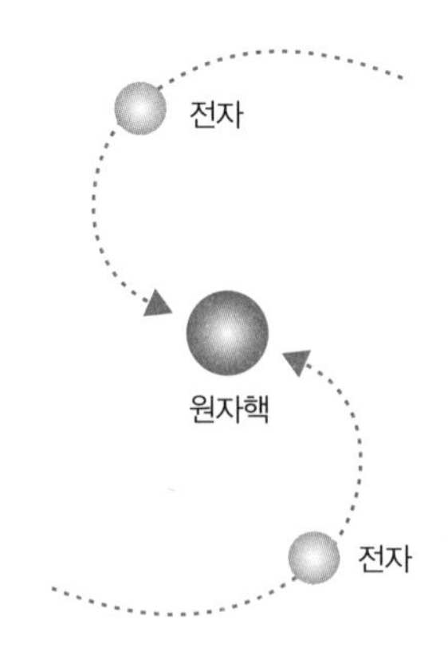

이것은 공기 저항이 있는 곳에서 인공위성이나 비행기가 날고 있을 때, 그 공기 저항으로 인해 에너지를 잃게 되어 고도가 점점 떨어지는 것과 같다. 고도가 점점 떨어져 추락하는 비행기처럼 전자도 원자핵 쪽으로 떨어져 원자가 붕괴하는 것이다. 그러나 이 세상에 존재하는 원자는 붕괴하지 않는다(그렇지 않다면 이 세상은 한 순간에 붕괴해버릴 것이다). 이것은 또 왜 그럴까?

양자론의 원자 모델

위에서 언급한 입자적인 모델(태양계 모델)은 옳지 않다. 사실 원자핵 주위를 돌고 있는 전자는 특정한 궤도에서 파를 이루고 있기 때문이다. 따라서 붕괴될 염려는 없는 것이다.

그림 2-9 ▪ 전자가 파를 이루는 원자 모델

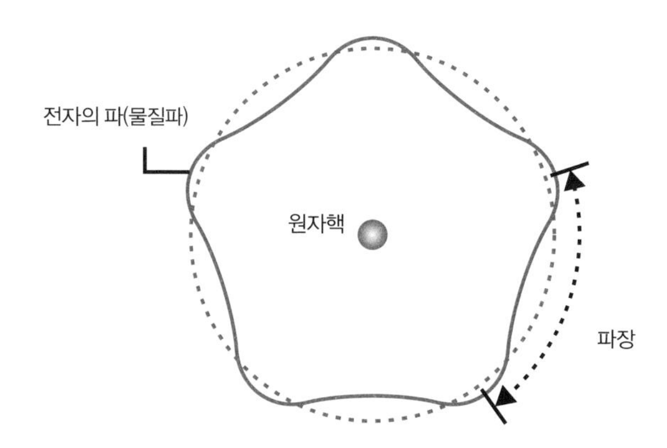

파(동)라면 '파장'을 가지고 있어야만 한다. 파장은 파(동) 하나의 길이를 뜻한다. 특정한 궤도의 '파'인 이상 그것은 이어져 있어야만 한다. 파가 제대로 이어지는 조건(양자조건이라 한다)에 따라서 전자가 가질 수 있는 파장이 제한된다.

전자궤도가 '불연속'인 이유

파는 연속적으로 파장을 바꿀 수 없다. 벽에 못을 박고 거기에 줄을 걸어 손으로 흔든다고 생각해보자. 그때 생기는 파는 처음에 큰 마루가 한 개, 그 다음에는 두 개, 그 다음에는 세 개…… 이런 식으로 파장은 정수 배의 개수밖에 생기지 않는다.

그림 2-10 ∷ 파장은 정수 배로만 존재한다

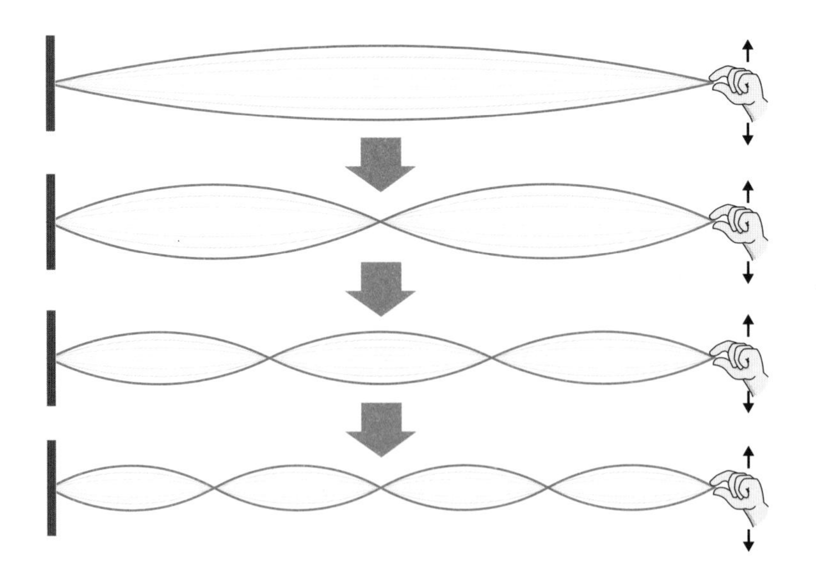

원자핵 주변을 맴도는 전자의 파일 경우, 파장의 정수 배가 원주와 일치하지 않으면 파가 이어지지 않는다. 이를 보어의 '양자조건'이라고 한다. 여기서 처음으로 양자 특유의 '불연속적'인 성질이 나타난다.

그림 2-11 ▪ 파장의 정수 배와 원주가 불일치할 경우

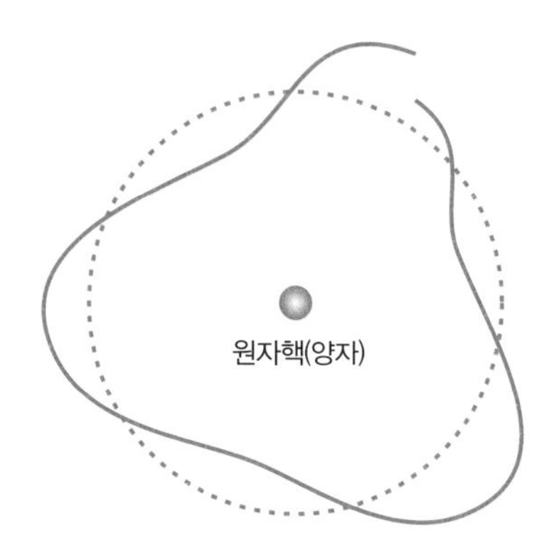

전자구름으로 둘러싸인 정확한 원자 모델

지금까지 소개한 원자핵을 중심으로 전자가 그 주변을 돌고 있다는 원자 모델은 엄밀히 말하면 옳은 모델이라고 할 수 없다. 양자론의 입장에서 정확한 원자 모델은 아래 그림에서 보는 것처럼 원자핵 주변을 '전자구름'이 둘러싼 모습이다. 게다가 이 '전자구름'은 여러 개의 전자가 존재해서 그런 것이 아니라 그 전체로서 한 개의 전자가 동시에 존재하는 개념이다.

그림 2-12 ▪▪ 양자론에 입각한 정확한 원자 모델

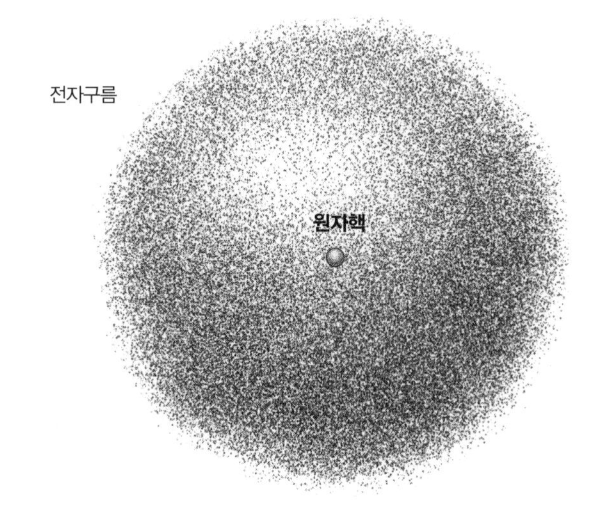

'이단'의 물리학자 봄의 등장

2-4

코펜하겐학파의 실증론적인 해석에 맞선
슈뢰딩거와 아인슈타인과 같은 실재론자들은 논쟁에서 '대패'하고 말았다.
그러나 이러한 상황에 아랑곳하지 않고 반격을 가한
고고한 물리학자가 있었으니 그 이름은 다름 아닌 데이비드 봄이다.

적색공포에 휘말린 봄

데이비드 봄은 미국에서 태어난 물리학자이다. 그의 인생은 '고고함'과 '장렬함'의 연속이었다고 말할 수 있다. 봄은 제2차 세계대전 후 미국에 불어 닥친 '적색공포'라는 반공산주의 선풍으로 프린스턴 대학의 교수직에서 해고당했다.

봄은 공산주의나 사회주의 사상에는 공감했지만, 그렇다고 해서 국가 전복을 생각하지는 않았다. 다만 스승인 로버트 오펜하이머의 정치적 입장 때문에 공격의 대상이 되었다고 하는 편이 옳을 것이다.

그림 2-13 ▪▪ 데이비드 봄(David Joseph Bohm, 1917~92)

'이단'의 물리학자. 벡터퍼텐셜의 존재를 예언하여 논쟁을 불러일으켰다. 벡터퍼텐셜은 1986년 소토무라 쇼에 의해 그 존재가 실증되었다.

그림 2-14 ▪▪ 로버트 오펜하이머(Julius Robert Oppenheimer, 1904~67)

미국의 물리학자. 원자핵이론, 소립자론의 발전에 공헌하였다. 제2차 세계대전 중 맨해튼계획에 참가하여 세계 최초로 원자폭탄 개발 계획을 이끌었다. 전후에는 수소폭탄 개발 계획에 반대했으며 그 결과 공산주의 스파이로 누명을 쓰게 되어 결국에는 공직에서 쫓겨났다(오펜하이머 사건). 나중에 미국 정부가 그의 명예 회복을 위해 1963년에 엔리코 페르미상을 수여하였다는 이야기도 있다.

이 적색공포로 인하여 저 유명한 희극 배우 찰리 채플린(Charles Spencer Chaplin, 1889~1977)부터 시작하여 연극계, 영화계의 수많은 사람들이 상원의 조사위원회에 불려가 공식적인 자리에서 '추방'되는 시련을 겪게 되었다. 이 광적인 추방극은 당시 상원의원이었던 조지프 매카시(Joseph Raymond McCarthy, 1908~57)가 주도했으며 그의 이름을 따서 '매카시즘'이라고도 한다.

추방당한 후의 봄

프린스턴 대학에서 쫓겨난 후 갈 곳이 없어진 봄은 해외에서 활동 무대를 찾았다. 결국 브라질 대학에서 연구를 시작할 수 있었다. 그러나 국외로 나간 봄에게 또 다른 시련이 닥쳤다. 미국 태생의 미국인이면서도 국외 추방을 당했던 것이다.

이렇게 기막힌 일을 몇 번이나 당한 봄은 영국에서 살 곳을 마련하여 다시 물리학 연구를 시작하여 이름을 날리게 되었다. 그것이 바로 '반코펜하겐' 학파라고 할 수 있는 독자적인 양자론 해석이었다.

봄은 슈뢰딩거, 아인슈타인, 드브로이와 같은 실재론적 해석을 시도한 과학자들의 생각을 이어받아, '양자론의 실재론적 해석'이 가능하다는 사실을 1952년에 발표한 논문에서 입증해 보였다. 봄의 위업을 이해하려면 먼저 '숨은 변수'라는 독창적인 개념을 알 필요가 있다.

'숨은 변수'란 무엇인가

양자론적 해석을 이해하려면 반드시 알아야 할 개념이 바로 '숨은 변수'이다.
도대체 무엇이 어디에 숨어 있다는 것일까?

숨은 변수는 '슬릿 실험에서 도중의 경로'

'숨은 변수'라는 것은 양자의 이중 슬릿 실험에서 본다면 관측되지 않은 '도중의 경로'를 뜻한다. 코펜하겐학파의 해석에서는 관측되지 않은 것에 대해 논하는 것은 무의미하다는 입장이기 때문에 관측되지 않은 도중의 경로는 '이야기할 수 없는 부분'이다. 다시 말해 '도중의 경로는 존재하지 않는다'고 말할 수 있다. 과학적으로 논할 수 없는 개념이기 때문이다.

그러나 실재론자들은 관측되지 않은 도중의 경로에 대해 말하지 못하는 것은 양자론이 불완전하기 때문이며, 앞으로 더 완전한 이론이 나온다면 도중의 경로를 제대로 설명할 수 있을 것이라 주장한다. 그러니까 도중의 경로는 이론이 완전하지 못해 '드러나지 않은' 것이지 존재하지 않는 것은 아니라는 견해이다.

'도중의 경로'는 없는 것인가?

관측하지 않아도 도중의 경로는 이미 정해져 있는 것일까? 아니면 관측하지 않을 경우 경로는 정해지지 않는(경로라는 개념이 무의미한) 것일까? 만약 철수가 서울역에서 부산역까지 이동했다고 할 때, 그 사실을 영희가 알지 못한다고 해도 그 경로는 존재한다.

그러나 양자의 경우 '관측 행위로 경로를 포함한 양자의 상태가 영향을 받아 변해버리기' 때문에 관측하지 않을 때와 관측했을 때 이들은 이미 동일한 경로라고 할 수 없다. 바꿔 말하면 경로라는 것이 정해져 있지 않다는 것이다. 여기서 '변수'는 '양자의 상태'이며 그 밖에도 '경로' 외에 '스핀'이라는 양자 특유의 성질도 포함된다.

도중 경로의 수수께끼를 둘러싼 소박한 의문

구몬 슬릿에 관측 장치를 설치해 두고 관측해버리면, 코펜하겐 해석으로도 '도중의 경로가 존재한다'고 할 수 있지 않나요? 그것도 '외부 세계'에서 말입니다.

유카와 하하하.

레제 드디어 나왔다! 선생님의 황당해하는 저 웃음.

아오이 ……

유카와 양자의 이중 슬릿 실험에서 양쪽 틈에 관측 장치를 두고 '양자가 어느 쪽 틈을 통과해 나왔는지'를 조사했는데, 결국에는 마지막 검출 장치 부분에 간섭무늬가 나타나지 않았습니다.

아오이 어떻게 그럴 수가! 왜요?

유카와 양자는 파의 성질을 가지고 있기 때문에 양쪽 틈을 통과하여 도중에 간섭무늬가 생기는 것입니다. 그런데 어느 한쪽 슬릿을 통과했다는 관측 결과가 나왔습니다. 그렇다면 간섭무늬가 나타날 수 없는 것입니다.

구몬 하지만 이상해요.

유카와 뭐가 말입니까?

레제 잠깐, 잠깐. 정리를 좀 해보겠습니다. 먼저 도중의 경로에 대한 정보가 없다면 간섭무늬가 나타난다. 그러나 도중의 경로를 실험으로 관측하려고 하면, 전체에 영향을 미치게 되어 결국 마지막에 나타나는 결과는 중간 과정(도중)의 경로와 절대 같아지지 않는다. 그러니까 관측 행위가 양자에 영향을 주게 된다. 뭐 그런 말인가요?

유카와 네 그렇습니다. 바꿔 말하면 실험 마지막에 '외부 세계'에 나타나는 것과 도중에 '외부 세계'에 나타나는 것은 그 결과가 다릅니다. '내부 세계'에 있으면 두 틈을 통과할 수 있지만, '외부 세계'에서는 어느 한 틈밖에 통과할 수 없기 때문입니다.

레제 드러나지 않는 '내부 세계'에서는 두 가지 가능성이 존재하지만, 현실로 드러나는 '외부 세계'에서는 틈을 통과하는 길이 제한돼버리는 것이군요.

구몬 좋아하는 마음을 상대에게 고백하지 않았을 때는 상대와 친구로 지낼 수가 있지만, 한 번 고백을 하고 상대의 마음을 알아버린다면 더 이상 친구로 지낼 수 없게 된다. 좋아한다는 말이 상대에게 영향을 미치기 때문이다. 뭐 이런 의미인가요?

유카와 흠, 맞다 틀리다 어느 한 가지로는 말을 못하겠군요.

스핀 변수와 슈테른·게를라흐 장치

2-6

변수가 숨어 있는지 아닌지를 더 자세히 알아보기 위하여
(경로보다 이론적으로 더 다루기 쉬운) '스핀'이라는 변수에 대해 생각해보기로 한다.
이를 위해 독일 물리학자 오토 슈테른(Otto Stern, 1888~1969)과
발터 게를라흐(Walther Gerlach, 1889~1979)가 고안한 일종의
'원자 여과 장치'(슈테른 · 게를라흐 장치)를 이용한 실험을 소개한다.

'양자 팽이'의 회전축

'스핀'이란 양자의 '회전'이라는 뜻이고 스핀 변수가 위아래라는 것은 회전축의 방향이 위아래라는 의미이다. 양자는 행성이나 달과 같이 회전하고 있다. 하지만 그 회전은 플랑크상수에 비례하여 불연속적인 값을 가진다(정확히 말하면 플랑크상수를 π로 나눈 값의 정수 배이다).

팽이를 생각하면 이해하기 쉽다. 그러나 '양자 팽이'는 회전축의 방향(스핀)이 불연속적이며 위아래 두 방향으로만 향할 수 있다. 위를 5도 기울이거나 11도 기울이거나 하는 중간의 값, 즉 연속적인 값을 가질 수 없는 것이다. 각도로 말하면 0도이거나 180도이거나 어느 하나일 수밖에 없다. 즉 회전축이 똑바로 위를 보고 회

전하거나 완전히 아래를 보고 회전하는 두 가지 경우밖에 없다(좌회전과 우회전밖에 없다는 식이다. 게다가 회전 속도도 일정하여 천천히 회전하거나 빨리 회전하는 일은 불가능하다고 생각하면 된다).

슈테른·게를라흐 장치를 이용한 실험

지금부터, 스핀 변수(회전축의 방향)가 위아래의 두 가지 가능성만 있는 '양자 팽이'를 시각화해보자. 이런 양자 팽이를 빔 상태로 흐르게 하여 '슈테른·게를라흐 장치'를 통과시킨다.

그림 2-15 슈테른 · 게를라흐 장치

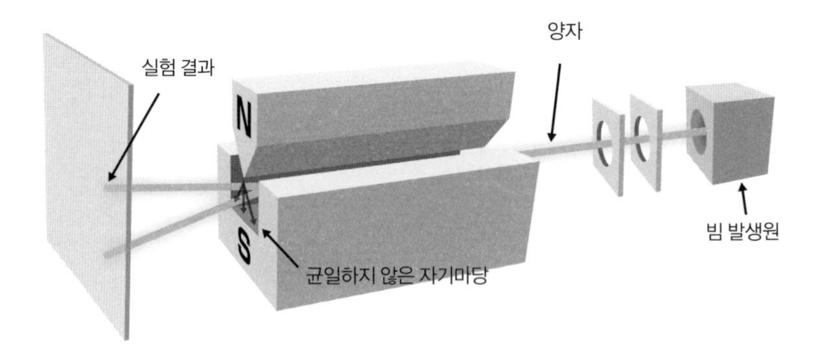

이 장치 안에는 자석이 들어 있기 때문에, 양자 팽이가 이루는 빔의 경로는 휘어지고 두 갈래로 나뉜다. 그중 하나는 벽에 부딪쳐 걸러지고, 장치를 통과해 밖으로 나온 또 하나의 빔에 들어 있는 양자 팽이는 모두 같은 방향의 회전축을 가진다.

그 회전축이 위를 향하고 있다고 하자(회전축이 아래를 향한 양자는 장치 안에서 걸러져 밖으로 나오지 못하게 한다). 이렇게 회전축이 위를 향한 양자 팽이만 준비해 두자.

그리고 또 다른 슈테른·게를라흐 장치를 가지고 와서 준비한 양자 팽이의 빔을 통과시킨다. 이번 장치는 회전축이 아래를 향한 양자만 통과시키고, 회전축이 위를 향한 빔은 걸러낸다. 그리고 처음의 장치보다는 각도가 약간 기울어 있다고 하자.

그림 2-16 :: 기울어진 장치

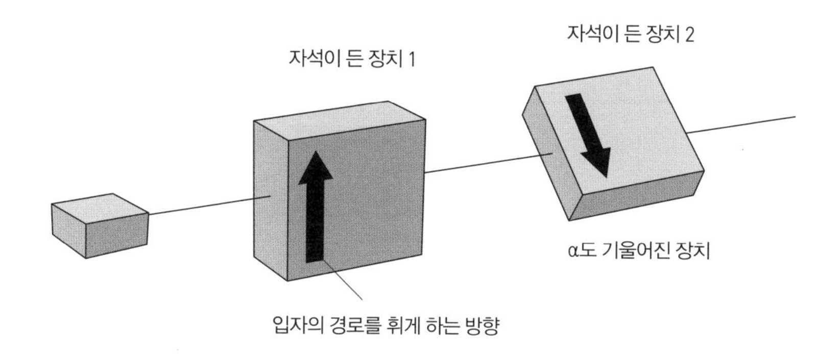

여기서 다음의 질문을 생각해보자.

질문 : 이 기울어진 장치에서 과연 빔이 나올 것인가?

일반적으로 생각하면 이 기울어진 두 번째 장치는 회전축이 아래를 향한 양자만 통과시키기 때문에 회전축이 위를 향하는 빔은 모두 걸러져 아무것도 나오지 않을 것이다. 이것이 상식이다. 그러나 답변은 상식과는 전혀 다르다.

답변 : 빔은 비록 양이 줄었지만 나온다!

여기서 일반적인 생각은 관측하지 않아도 양자의 상태가 결정되어 있다는 실재론의 생각이다. 이 생각대로라면 두 번째 관측장치에 들어가기 전에 양자의 상태가 이미 정해져 있다는 것이다. 만약 이미 정해져 있다고 한다면 그 빔은 회전축이 '위'를 향한 상태일 것이다. 그리고 '아래'를 향한 양자만을 통과시키는 장치에 들어가면 모두 걸러져 통과할 수 없게 된다. 이러한 검증 실험이 실제로도 이루어졌다. 그러나 빔은 상식과는 달리 비록 양은 줄었지만 통과해 나온다는 사실이 입증되었다. 도대체 어떻게 된 연유일까?

회전하는 양자가 자장을 통과하면

구몬 회전하고 있는 양자가 자기마당 속을 지나면 왜 경로가 휘어질까요?

유카와 전하를 가진 양자가 회전한다는 것은 아주 작은 전하가 회전하는 원리와 같습니다. 전하가 회전하면 자기마당이 발생합니다.

아오이 코일 같은 것인가요?

유카와 맞습니다. 코일은 전류가 나선형으로 회전하여 축 방향으로 자기마당이 생기는 것입니다. 전하의 회전은 매우 작은 코일과 같다고 볼 수 있습니다.

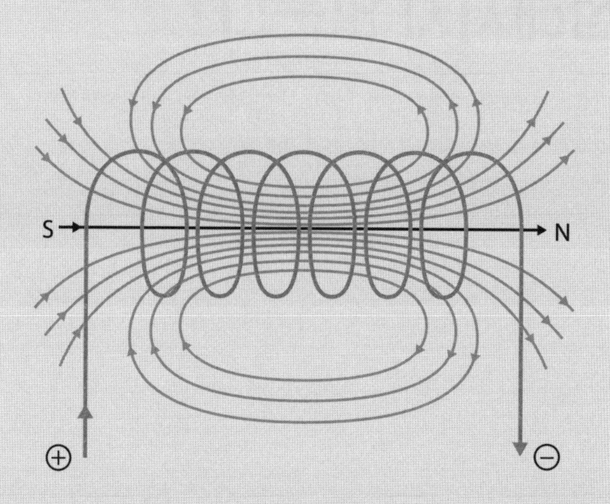

레제 전하의 회전이 만들어내는 자기마당과 전하가 지나는 길에 있는 자기마당이 서로 상호작용하면 힘이 생기는데 그래서 경로가 휘는 건가요?

유카와 바로 그렇습니다.

아오이 여기서도 복소수의 확률적인 세계에서는 중첩 상태인데, 관측을 통하여 그 가능한 상태 중 어느 하나가 확률에 따라 정해지면 실수의 결정적인 세계로 나오게 되는 거죠? 이렇게 생각하니까 좀 이해가 되네요.

구몬 음, 그러니까 사랑의 가능성과 고백, 다시 말해 관측 후의 비참한 결과를 여기에 비유한다면 실감이 나지 않을까?

레제 그건… 구몬 너나 그렇지.

구몬 ……

스핀 변수도 관측하지 않으면 정해지지 않는다?

앞에서는 오묘한 슈테론 · 게를라흐의 실험에 대해 생각해보았다.
그 결과는 무척 이해하기 어려운 것이었다.
과연 이것을 어떻게 해석해야 하는가?

실험 결과의 실증론적 해석

앞서 언급했던 해석의 한 가지는 다음과 같은 것이었다.

실증론적인 해석 : 양자의 스핀 변수(회전축 방향)는 관측 장치와 상호작용하여 결정된다.

처음 장치와의 관계를 보면, 장치에서 나온 양자 빔의 스핀 변수가 위, 즉 회전축이 '위'를 향하고 있었다. 그러나 두 번째 장치에서는 그 양자 빔의 회전축이 모두 '위'를 향하는 것은 아니었다. 왜냐하면 양자의 상태(여기서는 회전축 방향이 위, 아래)는 양자 단독으로 결정되는 것이 아니라 관측 장치와 함께 결정되기 때문이다.

이런 의미에서 보면 스핀 변수(회전축의 방향)의 상태가 단독으로는 존재하지 않는다고 해도 무리는 없을 것이다.

양자의 상태와 관측 장치는 '한 세트'

앞의 실험에서 첫 장치를 빠져 나온 양자의 스핀 상태는 '위, 장치 1'이라고 적을 수 있을 것이다. '장치 1의 관측에서는 위를 향함'처럼 관측 장치도 명시해줄 필요가 있다. 그리고 두 번째 장치에서 나온 양자의 스핀 상태는 '장치 2의 관측에서는 아래를 향함'이라고 적을 수 있을 것이다.

장치 2는 장치 1보다는 약간 기울어져 있기 때문에, 장치 1에 비해서 위를 향하고 있는 사실과 같은 빔이 장치 2에 대해 아래를 향하고 있는 사실은 전혀 모순되지 않는다.

정리 : 양자 상태는 관측 장치와 상호작용할 때 처음으로 성립하는 개념이다.

관측에 영향을 받는 것은 결국 양자 상태가 단독으로는 존재할 수 없다는 뜻이다. 실증론을 표방하는 코펜하겐학파는 관측하지 않았을 때의 양자 상태를 이야기하는 것이 무의미하다고 했다. 이는 바로 위와 같은 실험 결과를 염두에 두고 한 말이었다.

엘빈은 내부 세계에 사는 고양이!?

아오이 실증론자들은 "외부 세계뿐만 아니라 내부 세계도 존재한다"라고 주장하고, 실재론자들은 '외부 세계만이 존재한다'고 '생각'했던 거네요.

유카와 그런 셈입니다.

구몬 그럼, 엘빈은 내부 세계에 존재하는 고양이인가요?

유카와 기묘한 말이지만 그렇게 말할 수밖에 없답니다. 레제는 어디 갔습니까?

아오이 구몬처럼 말도 안 되는 소리만 할 것이 아니라, 엘빈의 출생에 대해 밝혀내겠다고 여행을 떠났어요.

유카와 여행?

구몬 말도 안 되는 소리만 해서 미안하다. 흥!

유카와 그럼, 우리 엘빈에 관한 수수께끼는 레제의 조사에 맡겨볼까요?

EPR 패러독스와 벨의 정리

2-8

두 양자가 매우 멀리 떨어져 있는데도
'서로 연계되어 있다'고 말하는 이상한 양자 상태가 있다.
지금부터는 그러한 양자의 심오한 세계를 향해 여행을 떠나보기로 한다.

EPR 패러독스란?

EPR이라는 것은 아인슈타인(Einstein), 포돌스키(Podolsky)*, 로젠(Rosen)* 이 세 사람 이름의 머리글자를 따서 붙인 것이다. EPR 패러독스란 멀리 떨어진 두 양자가 서로 연계되어 있어 순식간에 정보 교환이 이루어지는 것처럼 보이는 현상을 말한다. 아인슈타인의 상대성이론에 의하면 정보가 빛의 속도보다는 빠를 수 없기 때문에 'EPR 현상'은 패러독스(역설)인 것이다.

1935년에 나온 세 사람의 공동 논문에는 광자를 예로 들었지만, 여기서는 쉽게 설명하기 위해서 전자를 예로 들겠다.

보리스 포돌스키 (Podolsky, 1896~1966)
구소련의 물리학자. 1935년에 아인슈타인, 로젠과 함께 「Can Quantum-Mechanical Description of Physical Reality Be Considered Complete?」라는 제목의 논문을 발표하여 EPR 패러독스라는 용어를 만들어냈다.

나단 로젠 (Nathan Rosen, 1909~95)
이스라엘의 물리학자. 1935년에 발표한 EPR 패러독스에 관한 논문의 공동 저자로 유명하다. 일반상대성이론 분야에서 「아인슈타인·로젠 다리」 논문의 공동 저자이기도 하다. 이스라엘의 테크니온 공과 대학 창립자로, 그의 이름이 붙은 강의가 행해지고 있다.

전자들 사이의 묘한 연계

전자는 왼쪽 아니면 오른쪽으로 자전하고 있다. 이 자전은 일반적으로 생각하는 고전적인 자전과 달리 양자역학적인 자전으로 자전 속도가 정해져 있어 천천히 돌거나 빠르게 도는 것이 불가능하다. 또 중첩이 가능하다. 두 전자가 '싱글렛(singlet)'이라는 특수한 상태에 있을 때 어느 한쪽이 오른쪽으로 돌면 반드시 다른 한쪽은 왼쪽으로 돌고 있다는 사실이 밝혀졌다(엄밀하게 말하면 이런 상태를 실험적으로 만들 수 있다고 말하는 편이 옳다).

싱글렛 상태 : 한쪽이 오른쪽으로 돌면, 다른 한쪽은 왼쪽으로 도는 상태이다.

이 싱글렛 상태에 있는 두 전자를 동과 서의 반대 방향으로 각각 방출한다. 충분히 멀어졌을 때 동쪽에 있던 관측 장치를 이용하여 날아든 전자의 자전을 조사한다. 만약 그것이 오른쪽 회전(축이 위를 향함)이라고 한다면, 서쪽으로 날아간 전자는 서쪽에 관측 장치를 두지 않아도 왼쪽 회전(축이 아래를 향함)이라는 것을 알 수 있다. 서쪽만 관측했을 경우 역시 관측 장치를 두지 않은 동쪽 전자의 자전 방향을 알 수 있다. 그러니까 어느 한쪽의 자전을 측정하면 자동적으로 다른 한쪽의 자전축도 알 수 있게 된다.

아무것도 아닌 것처럼 보이지만 아인슈타인과 학자들은 이것을 '이상하다'고 생각했다. 한쪽의 자전 방향이 결정됨과 동시에 다른

그림 2-17 ▪▪ 'EPR 현상' 관측 장치

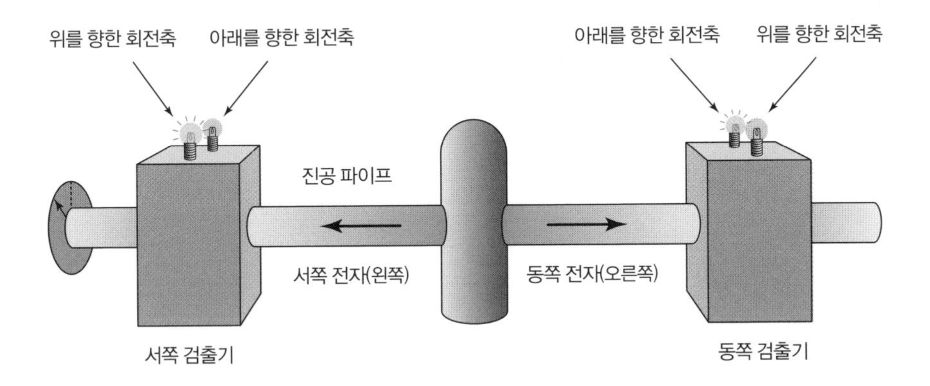

한쪽의 자전 방향이 결정되기 위해서는 한쪽에 있는 관측 장치에서 어떤 신호가 발생하여 한순간에 다른 쪽에 있는 전자에게 정보를 전달해야 하기 때문이다. 이는 '어떤 신호도 광속을 넘지 못한다'는 특수상대성이론에 위배된다.

마치 멀리 떨어진 전자들이 기묘하게 '연계'되어 있는 것 같지 않은가? 관측으로 자전 방향이 결정되는 (관측한 순간에 자전 방향이 확인된다) 것이 아니라 이미 정해져 있는 것이 아닐까 하는 생각이 여기서 나온 것이다. 관측에 의해 자전 방향이 '생기는 것'이 아니라 동과 서로 방출되는 순간 이미 자전 방향이 확정되어 있었지만 관측하기까지 인간이 알지 못한 것뿐이라고 생각하면, 서쪽 관측 장치에서 동쪽 전자까지 순간적으로 신호가 전달될 필요도 없고 어디에도 패러독스는 존재하지 않게 된다.

두 파로 갈린 양자역학

양자역학에 관해서는 앞에서 이야기한 것처럼 크게 다음의 두 가지 입장이 있다.

① 자전 방향 등의 상태는 관측하기까지는 확률적이지만 관측을 하면 확정된다(약한 코펜하겐 해석)
② 자전 방향 등의 상태는 관측하기 전에 이미 확정되어 있지만 인간이 알지 못하는 것뿐이다(실재론적 해석)

①의 코펜하겐 해석은 닐스 보어를 중심으로 한 해석이다. 원래는 '관측 주체인 인간을 빼놓고 양자역학적 상태를 운운하는 것은 옳지 않다'라는 주관성이 강한 견해였다. 이 '강한 코펜하겐 해석'은 다시 말하면 '자전 방향 등의 상태는 관측하기까지는 확률적이지만 인간의 의식이 이들을 관측하면서부터 처음으로 확정된다'는 의미이다. 현재 이처럼 강한 견해를 주장하는 물리학자는 많지 않다.

②의 실재론적인 해석은 양자역학적인 상태는 확률적인 것이 아니라 실재한다는 주장이다. '숨은 변수이론'이라고도 한다. 이것은 상태가 실재하고 어떤 변수로 기술되는데 그 변수는 숨어 있어서 '실험의 그물망'에도 걸리지 않는다는 것이다. 이 생각을 응용한 것으로는 뒤에 나오는 봄의 '양자 퍼텐셜'이 있다.

양자역학의 철학적 견해 차이는 매우 세분화되어서 그 해석의 분류법도 실재론, 결정론, 주관론, 고전론 등 양자역학을 논하는 사람의 수만큼 많다고 해도 과언이 아니다. 여기서는 세부적인 것까지는 논하지 않으므로 양자론의 해석은 크게 존재가 유령 같은 것이라 보는 '코펜하겐 해석'과 존재가 확실하게 이미 확정되어 있다고 보는 '실재론'으로 나뉜다는 사실을 꼭 기억해두기 바란다.

2-9 베르틀만 박사의 양말

아일랜드의 이론물리학자 존 벨은 양자의 상태가 실재한다(숨은 변수가 존재한다)는 이론을 지지하고 있었다. 그런데도 그가 고안한 부등식은 결과적으로 자신이 지지하는 숨은 변수이론을 궁지로 몰아넣었다. 여기서는 먼저 베르틀만 박사의 양말 실험을 예로 들어 벨의 부등식을 이해하기 위한 사전 준비를 하기로 한다.

'숨은 변수'를 벨의 정리로 풀다

실재론의 입장에는 소립자의 궤적이나 자전을 기술하는 '숨은 변수(hidden variables)'가 등장한다. 이 숨은 변수에 대해서 벨이 만든 재미있는 정리를 통해 살펴보자.

베르틀만 박사의 양말

벨의 정리를 '베르틀만 박사의 양말(Dr. Bertlmann's socks)'에 비유하여 설명해보자. 벨의 부등식은 실재론을 전제한다. 만약 숨은 변수가 존재한다면 어떤 결론에 이르는지 철저하게 파헤친 것이

그림 2-18 ∷ 존 벨(John Stewart Bell, 1928~90)

아일랜드 출신. 소립자물리학과 입자가속기의 전문가. 주로 유럽 입자물리연구소(CERN)에서 연구하였다. 양자론의 전체적인 틀에 의문을 제기한 '벨의 정리(Bell's theorem)'로 유명하다.

다. 처음부터 슈테른·게를라흐의 실험을 이해하는 것은 어려우므로 먼저 일상적인 예를 들어 설명해본다. '베르틀만 박사의 양말 문제'가 대표적인 예이다.

오스트리아 빈 대학의 물리학 교수인 라인홀트 베르틀만(Reinhold A. Bertlmann) 박사는 벨 박사의 친구였다. 베르틀만 박사는 언제나 양쪽 양말의 색을 다르게 신은 것으로 유명했다. 그는 양말 회사와 계약을 맺고 매일 여러 온도에서 양말을 세탁하여 양말이 얼마나 오래가는지를 시험하고 있었다. 온도는 (a) 0도, (b) 22.5도, (c) 45도의 세 가지였다(베르틀만 박사의 서로 다른 좌우 양말은 EPR 실험에서 전자의 왼쪽 회전과 오른쪽 회전에 비유할 수 있다). 그날 신은 양말을 ⓐ 0도에서 세탁해보고 이상이 없으면 +로 판단하고 결과를 'a+'라고 연구 노트에 기록하였다. 또는 ⓒ 45도에서 세탁해보고 만약 찢어졌다면 −로 판단하여 'c−'라고 기록하였다.

같은 날 신은 좌우 양말의 강도는 같지만 실험을 했을 때 왼쪽 양말이 'c−'이고 오른쪽 양말이 'b−'가 된 경우도 있었다. 그런 경우는 'c−b−'라고 연구 노트에 기록하였다.

3회 연속해서 실험을 했을 경우는 가령 n[a+b−c−]라고 적는다. 그러나 n[a−b−c−]처럼 3회 연속 구멍이 나는 경우는 없다. 왜냐하면 좌우 한 켤레의 양말은 같은 성질을 가지고 있는 것으로 여기기 때문에 한 번 찢어졌다고 해도 남은 다른 한쪽으로 실험을 할 수 있고 2회 모두 찢어져버리면 온전히 남은 것이 없어서 3회째 실험은 할 수 없기 때문이다.

'베르틀만의 정리' 발견

그렇게 매일매일 신은 양말로 실험을 계속하던 베르틀만 박사는 그때까지의 결과로 확률을 계산할 수 있게 되었다. 확률을 기호 p라고 하면 다음 관계가 성립하는 사실을 알아냈다.

$$p[a+b-] = p[a+b-c+] + p[a+b-c-]$$

이 수식을 설명하면 좌변은 '처음에 0도에서 세탁하면 문제없고 그 다음에 22.5도에서 세탁하면 찢어질 확률'이다. 우변은 '처음에 0도에서 세탁하면 문제없고 다음에 22.5도에서 세탁하면 찢어지며 45도에서 세탁하면 문제없을 확률'과 '먼저 0도에서 세탁하면 문제없고 다음에 22.5도에서 세탁하면 찢어지며 45도에서 세탁하면 찢어질 확률'을 합한 것이라고 할 수 있다. 물론 이미 앞에서 말한 것처럼 좌우 두 짝이 있어서 2회까지는 찢어져도 실험을 할 수가 있다.

복잡하게 들릴지 모르지만 (c) 45도에서의 결과는 문제없을까, 아니면 찢어질까 이 두 가지밖에 없기 때문에 이 확률 식은 당연한 내용을 기술하고 있는 것이다. 같은 방식으로 아래의 식도 당연한 결과이다.

$$p[b+c-]=p[a+b+c-]+p[a-b+c-]$$

$$p[a+c-]=p[a+b+c-]+p[a+b-c-]$$

확률은 언제나 플러스이므로 다음과 같은 중요한 부등식을 이끌어낼 수 있다.

$$p[a+b-]+p[b+c-]\geqq p[a+c-]$$

그림 2-19 ▪▪ 벨의 부등식을 나타낸 벤다이어그램

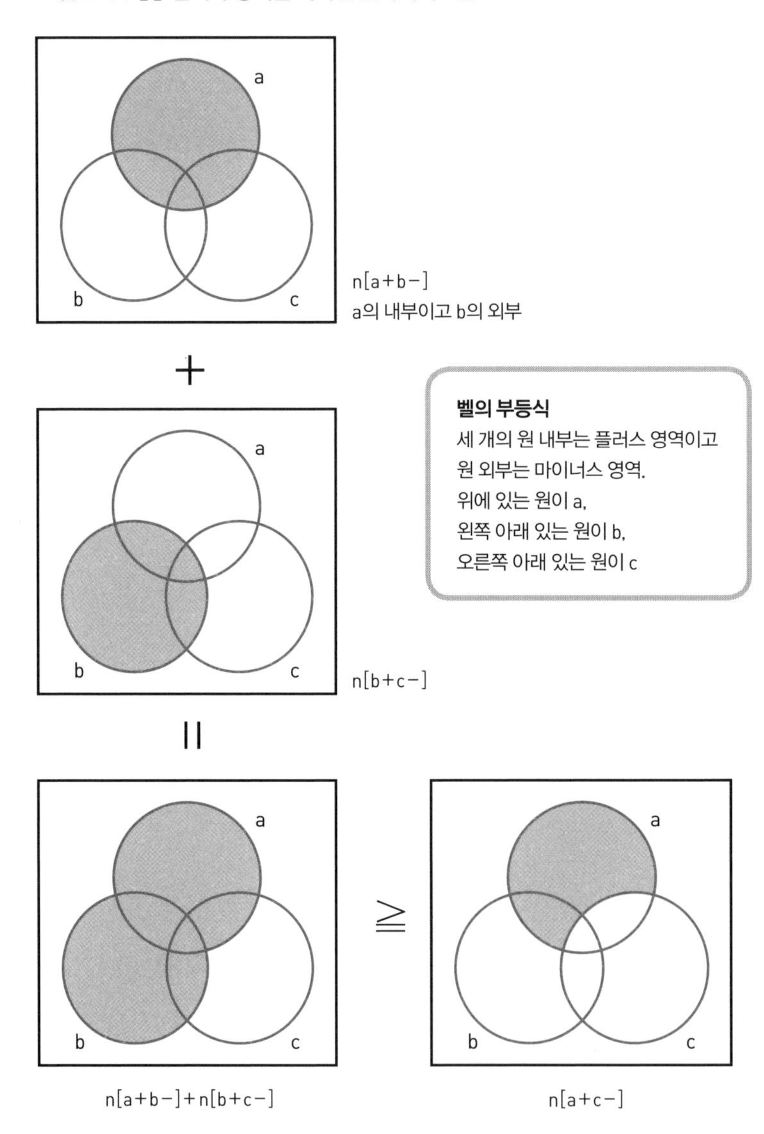

수식이면 어렵다고 생각하지만 위에서 본 그림을 생각해보라. 아주 당연하고 상식적인 내용이라는 것을 이해할 수 있다. 이것이 '베르틀만의

그림 2-19 ▪▪ 벨의 부등식을 나타낸 벤다이어그램

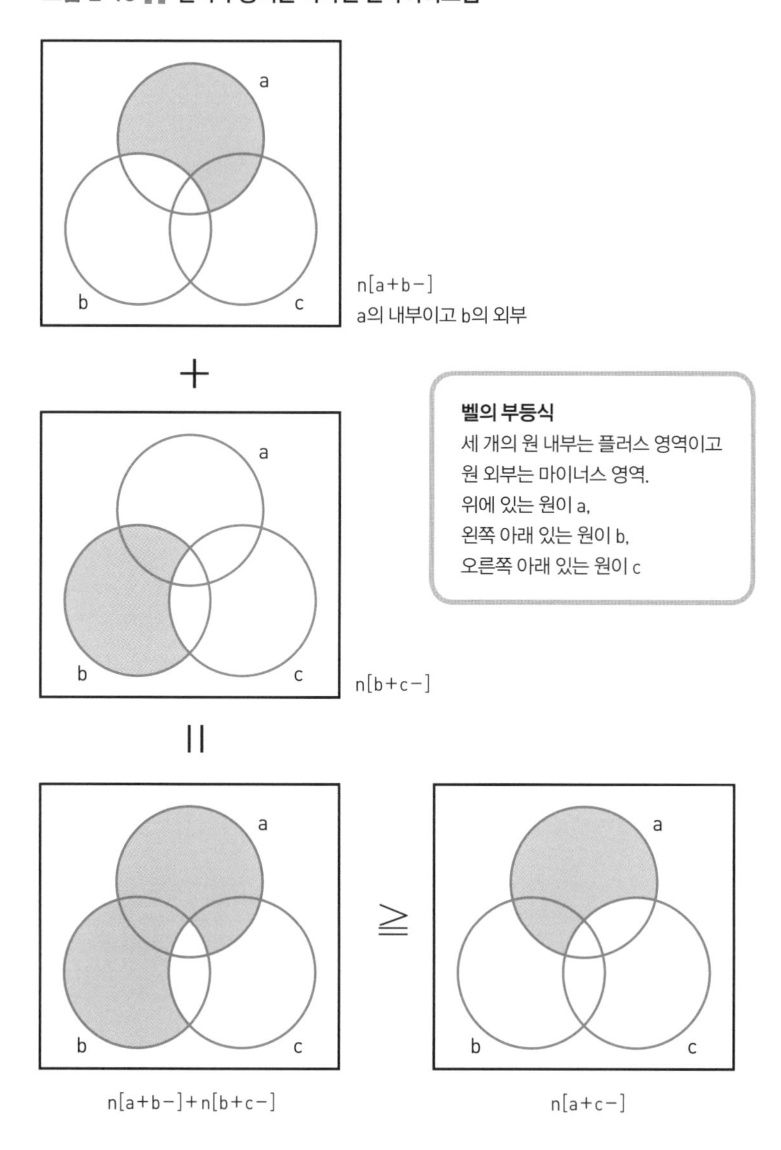

※〈그림 2-19〉 벨의 부등식을 나타낸 벤다이어그램에 오류가 있어서 정정합니다.

부등식' 또는 '베르틀만의 정리'라고 하는 것이다. 이것을 정리한다면 다음과 같다.

'먼저 0도에서 세탁하여 문제없고 다음에 22.5도에서 세탁하여 찢어질 확률'과 '먼저 22.5도에서 세탁하여 문제없고 다음에 45도에서 세탁하여 찢어질 확률'을 더하면 '먼저 0도에서 세탁하여 문제없고 다음에 45도에서 세탁하여 찢어질 확률'의 값보다 크거나 같다.

2-10 벨의 부등식

이번에는 베르틀만 박사의
양말 실험을 양자 실험으로 '번역'해보자.

베르틀만 박사의 양말 실험과 양자 실험의 대응 관계

베르틀만 박사의 양말 실험과 양자 실험의 대응 관계는 다음과 같다.

표 2-1 :: 양말 실험과 양자 실험의 대응 관계

양말 실험	양자 실험
좌우의 양말	우회전하는 양자와 좌회전하는 양자 (회전축 방향 위와 아래)
세탁기	슈테른 · 게를라흐 장치
문제없다 (+)	장치를 통과한다 (+, 회전축 방향 위)
찢어진다 (−)	장치에 걸러진다 (−, 회전축 방향 아래)
온도	장치 사이의 각도

양말이 짝을 이루듯이 두 양자도 짝을 이루고 있어서 그것이 반대 방향으로 날아가 좌우에 있는 슈테른·게를라흐 장치에 들어간다. 좌우에 있는 슈테른·게를라흐 장치의 기울기는 ⓐ 0도, ⓑ 22.5도, ⓒ 45도의 세 각도에서 실험을 진행한다.

$$p[a+b-]$$

위의 수식은 '왼쪽으로 날아간 양자 1은 각도가 0도인 장치에 들어가 회전축이 위를 향하고 있고, 오른쪽으로 날아간 양자 2는 각도가 22.5도인 장치에 들어가 회전축이 아래로 향하고 있을 확률'을 의미한다. 너무 자세히 설명해서 오히려 혼동이 될지 모르겠지만 결론은 아주 간단하다.

벨의 부등식 성립 여부는 양자를 이용해서 실험을 해보면 놀랍게도 이론값(이것은 슈뢰딩거방정식으로 계산한다)이 부등식을 성립할 수 없게 만든다. 다음의 부등식이 같은 예이다(아래 수치는 빛의 경우이다. 빛도 두 가지의 편광 상태, 즉 스핀 상태의 가능성을 가지고 있다).

$$p[a+b-]+p[b+c-] \geqq p[a+c-]$$
$$7.32\% \qquad 7.32\% \qquad 25\%$$

양자를 이용한 이론적 예측 값은 벨의 부등식 부등호를 반대로 뒤집지 않으면 안 되도록 만들어버린다. 그러나 앞에서 말한 것처럼 벨의 부등식이 성립하는 것은 엄연한 사실이다. 그렇다면 도대체 왜 이런 일이 일어나는 것일까?

벨의 부등식이 가져온 결과

벨의 부등식을 이끌어냈을 때는 암묵적인 전제가 있었다. 그 전제는 다음과 같다.

양자의 회전축 방향(스핀)이 위를 향하고 있는가, 아래를 향하고 있는가 하는 상태는 이미 관측 전에 정해져 있다.

즉 양자의 상태는 관측과 상관없이 실재한다는 가정이 있었던 것이다. 숨은 변수가 존재한다는 대전제 아래에서 벨의 부등식을 이끌어낸 것이다. 그것은 양말 실험에서는 성립했지만 양자 실험에서는 성립하지 않는다. 결국 **벨의 부등식은 실험으로 부정되고 말았다.** 덧붙이면 이 실험의 7.32퍼센트, 25퍼센트라는 수치는 양자역학의 이론적 예측과 딱 들어맞는다는 사실은 이미 입증되었다.

잠정적 결론 : 숨은 변수는 존재하지 않으며 양자역학은 옳다!

여기서 한 가지 보충 설명을 하기로 한다. EPR 패러독스에서처럼 멀리 떨어진 전자가 초광속의 신호로 연결되어 있는 것과 같은 상태를 '**비국소성(nonlocality)**'이라고 한다. 국소적이지 않은, 즉 비국소적인 '연계'이다. 이 비국소적인 연계는 임의로 조작할 수 있는 성질의 것이 아니다. 과학철학자 마리오 분게•의 말을 인용하면 "아무리 멀리 떨어져 있어도 부부는 부부다"라는 것이다. 이혼하지 않은 이상 멀리 떨어져 있어도 연결 고리가 있다는 것이다.

옳은 것 같기도 하고 아닌 것 같기도 하지만 여하튼 정설은 멀리서 연계되어 있어도 상대성이론에 위배되지 않는다고 한다. 왜냐하면 구체적인 신호를 초광속으로 보내 방해를 하려고 해도 불가능하기 때문이다.

•
마리오 분게(Mario Augusto Bunge, 1919~)
아르헨티나 출신의 과학철학자. 캐나다 맥길 대학 철학 교수. 현대 철학의 비판 실재론과 자연철학 분야의 대가이다.

뭘 말하고 싶은지 횡설수설

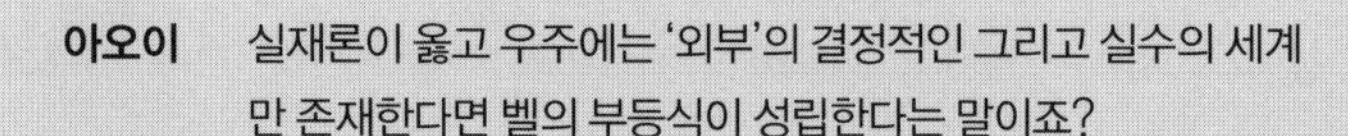

아오이 실재론이 옳고 우주에는 '외부'의 결정적인 그리고 실수의 세계만 존재한다면 벨의 부등식이 성립한다는 말이죠?

유카와 네. 바로 그렇습니다. 그럼, 그 대우는 어떨까요?

구몬 그 대우?

아오이 벨의 부등식이 성립하지 않는다면 우주는 '외부 세계'만으로 이루어진 것이 아니다.

유카와 대우라는 것은 논리학 용어입니다. 'A이면 B이다'가 명제로 성립하면 그와 대우를 이루는 'B가 아니면 A도 아니다'도 동일한 결과의 명제로 성립하는 것입니다.

구몬 그럼, 그것은 반대(역)라는 것인가요?

유카와 아닙니다. 대우와 역은 다릅니다. 대우는 역을 다시 부정한 것입니다. 그리고 역이 항상 처음의 명제와 동일한 결과로 성립하는 것은 아닙니다.

구몬 모르겠습니다. 구체적인 예를 들어주세요.

아오이 좋아한다면 밸런타인데이에 초콜릿을 준다. 그 역은 밸런타인데이에 초콜릿을 주면 좋아한다. 대우는 밸런타인데이에 초콜릿을 주지 않으면 좋아하지 않는다.

구몬 아하! 알았다. 의리상 주는 초콜릿도 있으니까 역이 반드시 성립한다고 볼 수 없구나! 그렇지만 처음의 명제가 옳다면 그 대우는 옳고……. 아, 그렇구나!

양자얽힘이란 무엇인가? 2-11

벨의 부등식을 부정하는 실험은 '양자얽힘'이라는 현상을 이용한다.
양자가 얽혀 있다는 것은 대체 무슨 뜻일까?

벨의 부등식과 숨은 변수

벨의 부등식은 지금의 양자론이 옳은지 아니면 앞으로 만들어질 숨은 변수이론이 옳은지를 정하는 '결정 실험'을 하는 데 필요하다. 이 실험은 벨의 부등식을 도출할 때 사용했던 '양자얽힘(quantum entanglement)'이라는 불가해한 현상과 관련이 있다. 알기 쉽게 인간관계로 설명해보자.

예를 들어 한 남자가 교통사고를 당해서 병원에 실려 온다. 경찰은 현장 검증을 하면서 그 남자의 가족을 찾는다. 그리고 남자가 지녔던 소지품이나 신분 증명이 가능한 물건, 핸드폰 등을 이용하여 남자의 부인과 연락이 되었다고 가정하자.

그때 경찰이 "남편이 교통사고로 병원에 실려 왔습니다. 생명에는 지장이 없지만 병원까지 와주시겠습니까?" 하고 전화를 했을 때, 남자의 부인이 "미안하지만 손을 잡고 있을 때는 남편이지만 지금은 멀리 떨어져 있어서 저와는 관계없는 사람입니다"라고 한다면 난센스일 것이다.

부부는 공간적으로 거리가 멀다고 해도 부부라는 인간관계에는 변화가 없다. 이것은 단순한 물체와는 달리 서로 결혼했다는 정보를 공유하고 있기 때문이다. 물체들은 공간적으로 거리가 멀어지면 '다른 물체'가 되어 관계 역시 무의미해지고 만다. 그러나 인간을 포함한 생물은 그렇지 않다. 거리가 멀어도 '함께'인 것이다.

양자의 특이한 짝의 관계 – 양자얽힘

이와 마찬가지로 양자도 짝을 이루는데 그 짝은 매우 특수하여 공간적으로 거리가 멀어도 짝이 유지된다. '싱글렛'이라는 특수한 짝의 경우 양자 1과 양자 2의 어느 한쪽은 위를 향한 회전축을 가지고 있고 다른 한쪽은 아래를 향한 회전축을 가지고 있다. 그러나 관측하기 전에는 양자 1도, 양자 2도 구체적인 회전축의 상태가 정해지지 않는다. 정해진 것은 '서로의 회전축 방향이 반대이다'라는 사실뿐이다.

이런 관계에 있는 양자 1과 양자 2는 '**양자얽힘**' 상태에 있다고 한다. 멀리 떨어져 있어도 양자 1과 양자 2는 특별한 방법으로 정보를 공유하고 있으므로 얽힌 상태인 것이다.

2-12 실재론을 잠재운 아스페의 실험

프랑스 물리학자 알랭 아스페는 양자얽힘을 이용하여
벨의 부등식이 성립하지 않는다는 것을 실험으로 입증한 세계 최초의 인물이다.
앞서 'EPR 패러독스와 벨의 정리'에 나온 관측 장치란
바로 아스페 실험에 사용된 것이다.

양자 짝의 행방

아스페의 실험에서는 장치 한가운데를 분기점으로 좌우로 긴 진공 파이프가 연결되어 있다. 한가운데는 얽힌 상태의 양자 1과 양자 2가 짝으로 준비되어 있다. 그리고 각각 좌우의 진공 파이프 속으로 날아간다. 다시 한 번 다음의 관측 장치 그림 2-20을 참고하자.

그림 2-20 ▪ 'EPR 현상' 관측 장치

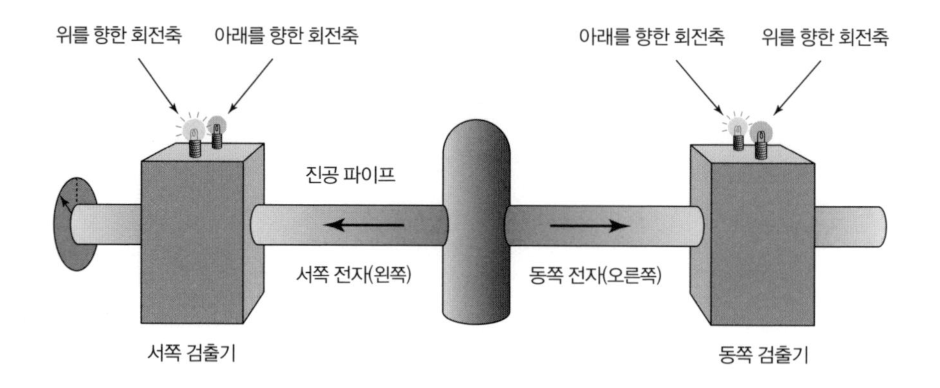

다시 강조하지만 관측하기 전에 양자 1과 양자 2의 회전축 상태는 정해져 있지 않다. 단지 어느 한쪽이 위를 향하고 다른 한쪽은 아래를 향하는 것만 알고 있다. 여러 번 실험을 반복해도 오른쪽으로 날아간 양자 1과 왼쪽으로 날아간 양자 2는 반대의 회전축 상태에 있음을 알 수 있다. 그러나 그것은 실험 장치의 상대 각도가 0도인 경우에만 그렇다.

아스페의 실험이 도출한 결론

실험 장치가 서로 기울어져 있을 때는 결과가 달라진다. 벨의 부등식을 검증하려면 좌우에 있는 검출기 각도를 (a) 0도, (b) 22.5도, (c) 45도의 세 각도로 하고 반복적으로 실험하여 회전축이 '위를 향하면 +', '아래를 향하면 −'라는 결과를 기록할 필요가 있다.

아스페의 실험에서 얽힌 양자 짝을 어떻게 준비했을지를 설명하려면 너무 복잡해지므로 이 설명은 생략하기로 한다. 여기서 큰 의의를 갖는 것은 이 실험으로 입증된 다음의 두 가지 내용이다.

(1) 실재론의 숨은 변수는 존재하지 않는다.

(2) 양자론의 예측은 옳았다.

그림 2-21 ∷ 알랭 아스페(Alain Aspect, 1947~)

프랑스의 실험물리학자. 1980년대에 벨의 정리를 실험으로 검증해 보이고, 아인슈타인 등이 주장하던 '국소적인 숨은 변수이론'에 종지부를 찍었다. 실재론을 '잠재운' 것이다.

2-13 데이비드 봄의 '반란'

벨의 부등식을 부정한 아스페의 실험으로
양자론과 실증론적 해석(코펜하겐 해석)이 완전히 승리하여
숨은 변수이론과 실재론의 해석은 사라진 것처럼 보였다.
그러나 고고한 천재 한 사람이 홀연히 나타나 실증론적 해석에 반기를 들었다.

봄은 실재론을 믿었다!

먼저 짚고 넘어가야 할 것은 봄은 벨의 부등식의 허점을 발견한 것이지 아스페가 한 실험의 문제점을 지적한 것은 아니다(역사적으로 보면 봄의 업적이 먼저였다). 봄이 저술한 『양자론』이라는 교과서가 있다. 거기서 보면 처음에는 코펜하겐 학파가 주장하는 표준적인 실증론적 해석을 인정하고 있었다. 그것은 봄이 아인슈타인, 드브로이, 슈뢰딩거 등 '양자론 제1세대' 다음에 등장한 제2, 제3세대에 속했기 때문이다. 그러나 파란만장한 인생역정을 거친 그는 물리학계에서도 순탄치 못한 길을 걸었다.

봄은 수많은 실험으로 검증된 양자론 그 자체는 인정하는 입장이었다. 당시는 아직 아스페의 결정적인 실험도 벨의 부등식도 없었다. 봄은 직관적으로 일반 양자론에 변화를 주지 않고 어디까지 실재론이 가능한지를 입증하려고 노력하였다.

비국소적인 숨은 변수이론

봄은 지금까지의 숨은 변수이론이 '국소적으로 숨은 변수'에 관한 이론이라는 사실을 간파했다. 그리고 그 국소성이 비국소적인 성격을 띠는 양자론과 상반되는 점을 들어 '비국소적으로 숨은 변수'를 가진 이론, 아니 '해석'을 내놓았다.

여기서 국소적이라는 것과 비국소적이라는 것의 의미가 서로 상반되는 사실에 주의하기 바란다. 국소적이라는 것은 눈앞에 있는 개미가 그 한 지점에만 있고 다른 지점에는 없는 것을 뜻한다. 또 밖에서 먹이를 찾고 있는 개미가 집에 남아 있는 개미와 연락을 하더라도 광속보다 빠른 방법을 취할 수 없다는 의미도 있다(물론 개미는 무전기도 휴대전화도 없다).

반면 비국소적이라는 것은 개미의 존재가 희미하게 마치 파처럼 퍼져 있고 그 파처럼 되어버린 개미는 둥지와 집 안의 각설탕이 놓여 있는 곳에 동시에 존재하는 상황이다. 양자의 위치 좌표 x가 어떤 시각에 정해진 한 지점에만 있다면 그 변수는 국소적인 변수이다. 그러나 파처럼 퍼져버린 위치 좌표 x가 과연 가능할까? 만약 가능하다면 도대체 그것을 어디에 쓸 수 있을까?

2-14 양자 퍼텐셜은 어떤 모양인가?

비국소적 숨은 변수이론의 열쇠를 쥐고 있는 것은
'양자 퍼텐셜'이라는 기묘한 물리량이다.
먼저 그 모양부터 살펴보기로 한다.

파와 입자의 두 부분으로 나뉜 양자

봄은 양자론의 가장 근본이 되는 슈뢰딩거방정식을 바꾸려고 하지 않았다. 방정식을 그대로 두는 것은 어디까지나 봄이 양자론을 인정하고 있는 것이다. 단지 이론은 그대로 두고 '해석'을 바꾸는 작업을 하고 있을 뿐이다. 그 작업의 수학적인 내용은 미분·적분이 나오기 때문에 생략한다. 봄은 슈뢰딩거방정식을 '파'와 '입자'의 두 부분으로 나누어 버린다.

여기서 다시 이중 슬릿 실험의 그림을 보자. 두 개의 틈에서 흘러나온 파가 각각 구면파가 되어 퍼져 나가 아래쪽 검출기 부분에 간섭무늬를 만든다.

그림 2-22 ▪▪ 파의 이중 슬릿 실험

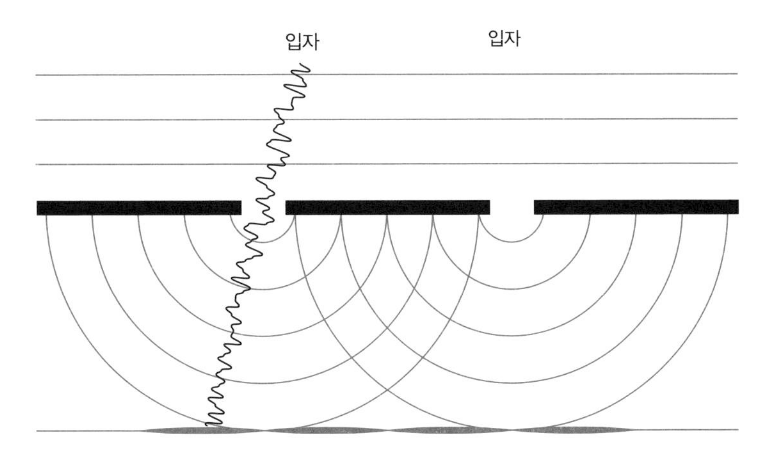

봄의 양자 퍼텐셜을 시각화하다

봄 학파는 슈뢰딩거방정식의 입자와 파동이 '역할 분담'을 한다는 해석에서 양자의 '파' 부분은 이중 슬릿 실험에서 나타나는 파와 동질한 것으로 본다. 그것이 바로 '**양자 퍼텐셜**'로 다음 그림 2–23처럼 나타난다.

그림의 세로축이 양자 퍼텐셜의 크기이다. 우리는 이 양자 퍼텐셜을 검출기 방향에서 이중 슬릿을 향해 바라보는 것이다. 양자 자체가 파의 성질을 띠기 때문에 아무것도 없다고 생각한 공간에 '**양자의 파**'로 존재하는 것이다. 이것은 그리 놀랄 일도 아니다. 실제로 우리는 매일매일 중력 퍼텐셜 속에서 살고 있지만 아무도 중력 퍼텐셜이 있는 것을 모르고 지내는 것과 같기 때문이다.

그림 2-23 ▪▪ 이중 슬릿 실험의 양자 퍼텐셜

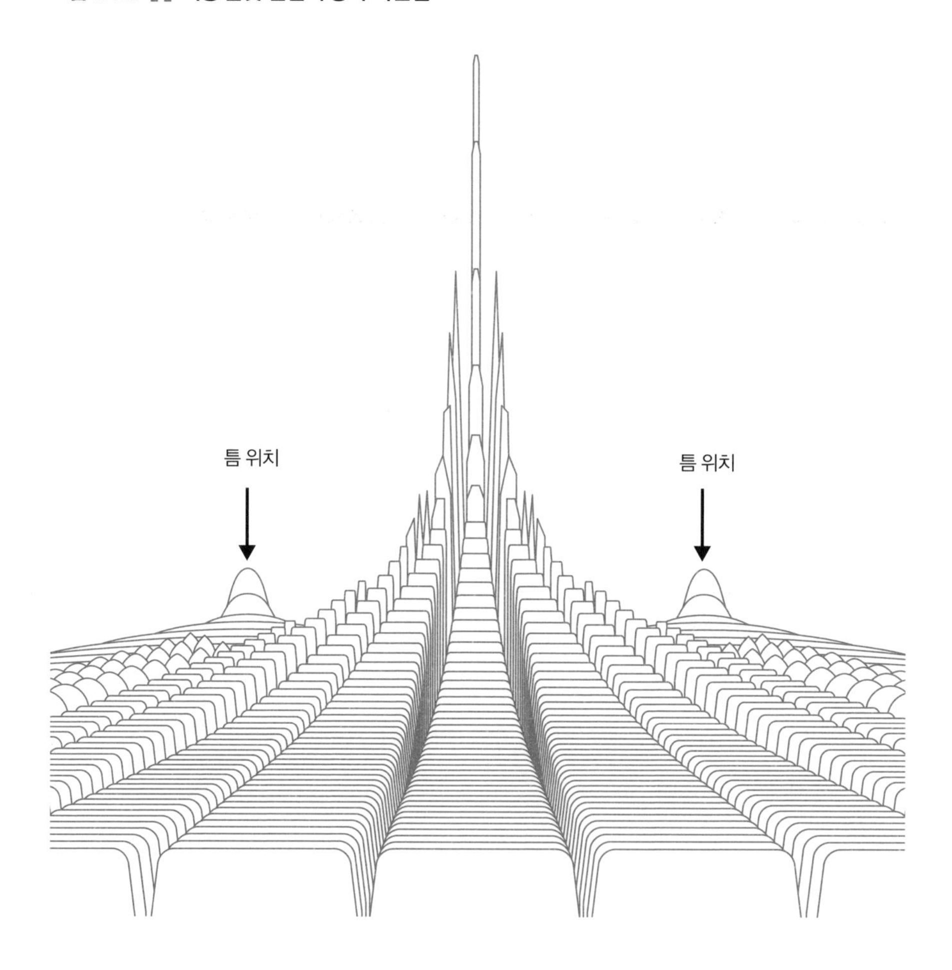

그와 마찬가지로 눈앞의 공간에서 공기를 없애고 진공 상태를 만들었을 때 그 진공 속에 묘한 양자 퍼텐셜이 존재한다고 해도 그것이 중력 퍼텐셜보다 더 기묘하다고 말할 수는 없는 것이다.

양자 퍼텐셜과 경로 2-15

양자 퍼텐셜만으로 이야기가 끝나지 않는다.
양자는 스스로 만들어낸 파 위에서
입자가 되어 서핑을 즐기고 있는 것에 비유할 수 있다.

'파도 타기'를 하는 양자

이중 슬릿 실험의 양자 퍼텐셜이란 이중 슬릿을 통과할 수 있는 상황에 있는 양자가 스스로 만들어내는 진공의 파이다. 앞에 제시된 양자 퍼텐셜 그림에서 보았듯이 이중 슬릿의 틈 위치가 두 곳이다. 이 두 곳에서 양자 퍼텐셜의 크기가 약간 높게 나타난 것을 보았을 것이다. 또 이중 슬릿의 한가운데는 양자 퍼텐셜의 크기가 매우 높게 나타났다. 그리고 여러 개의 '골짜기'가 있는 것도 보았을 것이다.

봄 학파의 슈뢰딩거방정식의 '역할 분담' 해석에 따르면 '입자' 쪽 해설도 있다. 양자는 입자의 성질도 띠므로 그 입자가 이중 슬릿의 어느 한 틈에서 나와 눈앞에 펼쳐진 양자 퍼텐셜 위를 굴러

가는 것으로 보는 것이다. 아니 파도 타기를 하면서 나아간다고 하는 편이 나은 해석일 것이다.

입자는 양자 퍼텐셜이 높은 곳에서 낮은 곳으로 움직이는 경향이 있다. 평평한 곳에서는 똑바로 나아가지만 골짜기로 떨어지면 바로 경로가 바뀐다. 그야말로 이 양자 퍼텐셜 위를 작은 구슬이 굴러가고 있는 이미지라고 할 수 있다.

양자 퍼텐셜과 경로

다음에는 양자 퍼텐셜과 그 경로를 살펴보기로 한다.

출발점에는 두 개의 틈이 있는데 이 틈의 어느 쪽에서 출발하느냐에 따라 입자의 경로는 완전히 달라진다. 출발점에서 약간 옆쪽으로 비켜난 것만으로도 마지막 도착 지점이 크게 달라지기 때문이다.

이 경로 그림에는 그러한 여러 가지 가능성의 경로가 그려져 있다. 재미있는 것은 그림의 가장 아래쪽 검출기 부근에서 입자의 마지막 도착 지점이 간섭무늬를 그리고 있는 점이다. 물론 봄 학파의 양자론은 어디까지나 슈뢰딩거방정식을 충실히 따르는 양자론이므로 그 이론적 예측도 일반적인 양자론을 주장하는 코펜하겐학파와 같아야 한다.

이 코펜하겐학파의 해석에서는 '두 틈 중 어디를 통과했느냐'라는 물음은 인정되지 않는다. 관측하지 않았는데 양자의 경로를 이

그림 2-24 ■■ 양자 퍼텐셜과 경로

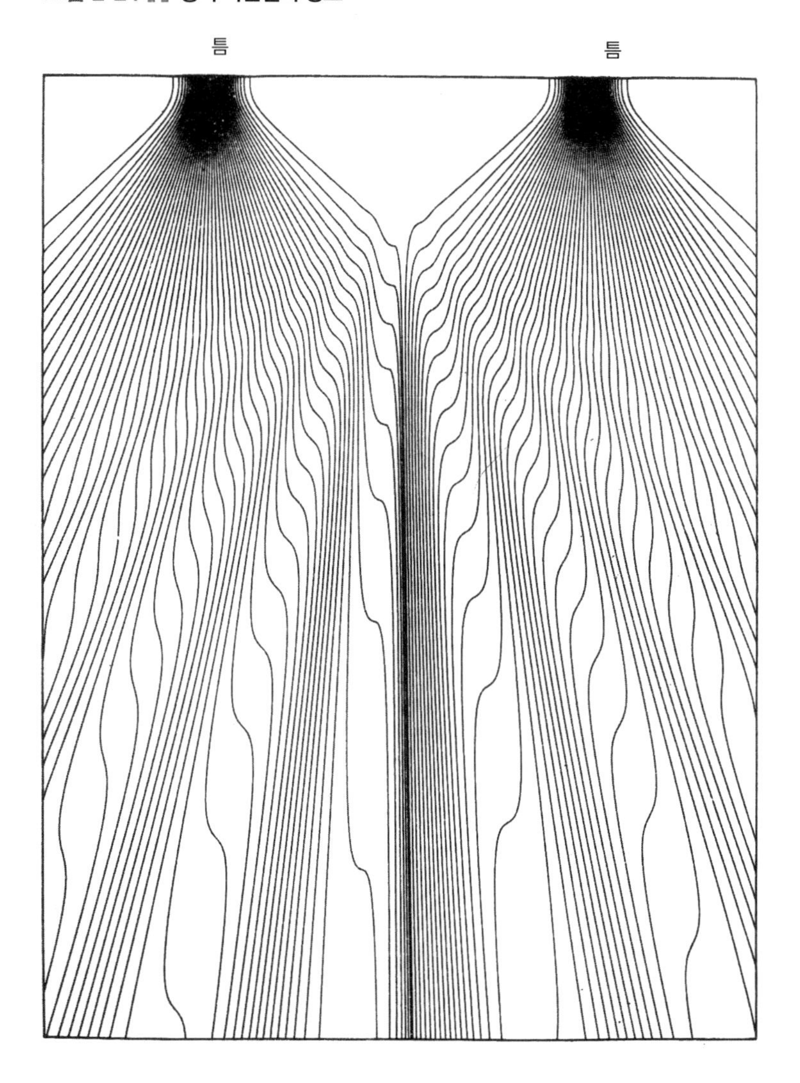

야기하는 것은 무의미하다고 생각하기 때문이다. 그러나 봄 학파의 실재론적인 해석에서는 양자를 '파(양자 퍼텐셜)'와 '입자(경로)' 두 부분으로 나누어 생각하기 때문에 입자가 어느 쪽 틈을 통과

했는지에 대해서 이야기하는 것이 아무런 문제가 되지 않는다.

그렇다면 봄 학파의 해석에서는 입자의 경로가 확률적인 것이 아니라 이미 확정되어 있는 것일까?

2-16 불확정성이 확률적인 예측을 낳는다

봄 학파의 해석에서도 불확정성이 있기 때문에
입자가 어디로 가는지는 확률적으로밖에 예측할 수 없다.

예측은 왜 확률적인가?

두 틈을 통과시키기 전에 미리 준비해둔 입자는 불확정성이 적용되므로 아무리 정확하게 측정해도 정밀도에는 플랑크상수라는 한계가 있다. 따라서 입자가 출발할 때 입자의 위치와 운동량을 정확하게 지정할 수가 없다. 플랑크상수라는 한계에 묶여, 위치와 운동량의 어느 한 쪽이 확정되지 않으면 둘 다 불확정성을 띤다.

그 후 입자의 경로에도 불확정성의 영향이 남아 마지막에 입자가 경로 그림에서 '어디'를 지나갈지 확실하게 결정할 수 없다. 어디까지나 (일반적인 양자론처럼) 확률적인 예측만 가능할 뿐이다. 결국 불확정성이 확률적 예측을 낳는 것이다. 봄 학파의 입자 위치 좌표 x는 비국소적이다. 그 이유는 값이 확정되지 않고 전 영역에 퍼져 있기 때문이다.

봄 학파의 양자론은 과연 의미가 있을까?

여기서 다음과 같은 의문이 생긴다.

의문 : 일반적인 양자론과 같은 결과가 나온다면 봄 학파의 양자론은 대체 무슨 의미가 있는가?

너무나 당연한 의문이다. 예나 지금이나 많은 물리학자들은 봄 학파의 해석을 무의미하다고 여겼기 때문에 상대하지 않고 있다. 그러나 일반 사람들의 입장에서 보면 "출발점에서 점 입자였던 것이 도중에 어느 한 틈을 통과했는지 아니면 파로 변해서 두 틈을 통과했는지 이야기하는 것은 무의미하다. 마지막 도착 지점에서는 다시 입자가 되어 점으로 기록·관측된다"라고 말하는 코펜하겐학파의 해석에도 의문이 들기는 마찬가지이다.

이론 선택에 엄밀한 실험이 필요한 것은 이해되지만 봄 학파의 해석만이 적합한 평가를 받지 못하는 것에는 이견이 있을 수 있다.

그림 2-25 :: 어느 쪽이든 결과는 같다고?

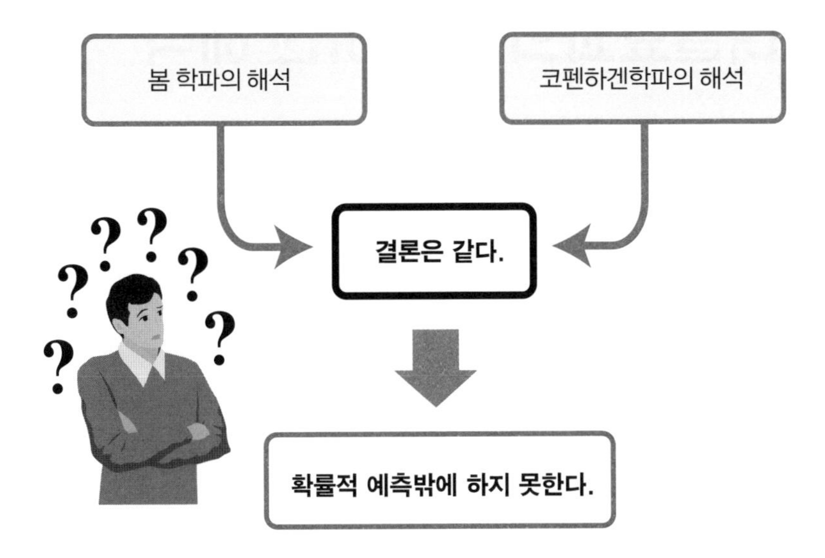

2-17 터널효과의 코펜하겐 해석

양자론에는 이중 슬릿 실험뿐만 아니라
'터널효과'라는 아주 신기하고도 오묘한 현상이 있다.
코펜하겐학파의 해석을 통해 살펴보기로 한다.

실증론의 우물형 퍼텐셜

터널효과(tunnel effect)라는 것은 '양자가 귀신처럼 벽을 뚫고 지나가는 것'이다. 그 기묘한 현상은 슈뢰딩거방정식에 '우물형' 퍼텐셜, 즉 퍼텐셜 우물(potential well)을 도입함으로써 해결할 수 있다.

퍼텐셜 우물이라는 것은 사각형으로 움푹 팬 모양의 퍼텐셜이다. 한편 터널효과의 경우에서는 퍼텐셜이 우물처럼 아래가 움푹 팬 것이 아니라 반대로 위로 솟아 있는 것도 있다. 이를 퍼텐셜 장벽(potential barrier)이라고 한다. 퍼텐셜 장벽의 높이가 퍼텐셜의 세기에 해당하는데 높을수록 '넘기 어려운' 것이다. 이 퍼텐셜 장벽에 양자의 파가 파동함수 왼쪽에서 들어온다.

그림 2-26 :: 실증론으로 보는 터널효과

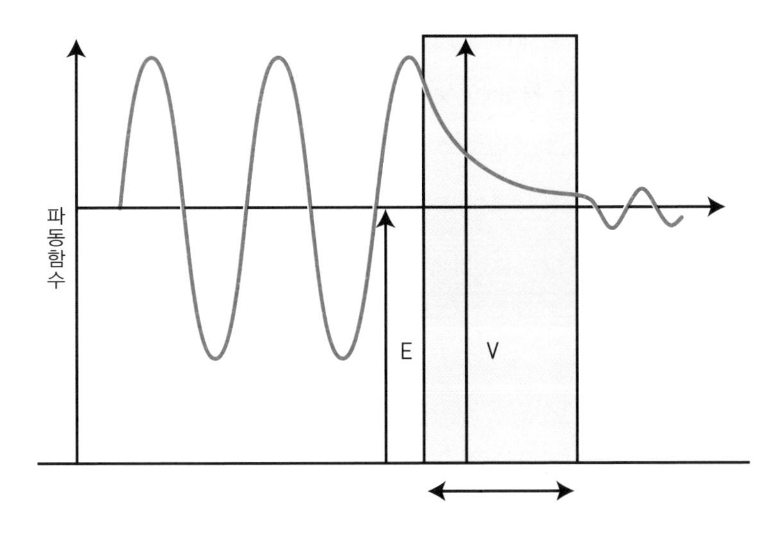

퍼텐셜 장벽을 통과하는 터널효과

파의 높이는 양자가 '거기서 발견될 확률'과 관련이 있다. 당연한 일이지만 퍼텐셜 장벽의 왼쪽은 발사 지점에서 가깝기 때문에 파가 높고 양자가 발견될 확률도 높다.

재미있는 것은 퍼텐셜 장벽 반대 쪽에도 파동함수가 존재하는 것이다. 이것은 다시 말하면 왼쪽에서 들어온 양자가 아주 적은 양이지만 퍼텐셜 장벽을 '터널처럼 통과하여' 반대편에 나타나는 것을 뜻한다. 그리고 퍼텐셜 장벽 안에서는 파의 높이가 급속도로 줄어드는 것을 알 수 있다. 즉 퍼텐셜 장벽 안에서 파동함수가 약해지는 것이다.

코펜하겐학파의 해석에서는 양자가 '어디'에 있는지는 관측할 때까지 알 수 없기 때문에 퍼텐셜 장벽의 왼쪽에 있을 확률이 높고 오른쪽에 있을 확률은 낮다. 그러나 실증론의 입장에서는 입자는 '어디에도 없다'고 말할 수밖에 없다. 관측할 때까지 그것이 어디에 있는지 말하는 것은 무의미하기 때문이다.

봄에 의한 터널효과 해석 2-18

다음으로 봄 학파의 실재론적 해석으로 터널효과를 생각해보자.
여기서는 '입자'가 어디에 있는지 알 수 있다.

봄 학파의 터널효과 해석

코펜하겐학파의 해석으로는 비록 터널효과라고는 하지만 입자가 높은 퍼텐셜 장벽을 '어떻게 통과했는지' 확실히 알 수 없었다. 파동함수가 퍼텐셜 장벽 내부에 '스며들어' 반대편으로 흘러나오는 막연한 이미지를 떠올릴 수 있을 뿐이었다. 그러나 같은 현상을 봄 학파의 해석으로 보면 생각이 완전히 바뀔 것이다.

그림 2-27 ▪▪ 봄 학파의 터널효과 (양자 퍼텐셜)

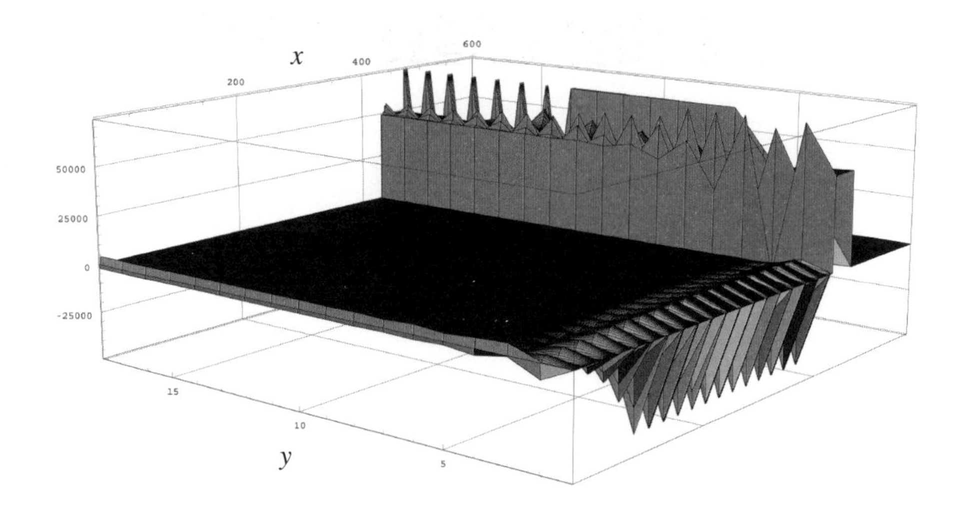

봄 학파에서는 양자를 입자와 파(양자 퍼텐셜) 두 부분으로 나누어 해석한다. 파 부분을 보면 사각형이어야만 하는 퍼텐셜 장벽이 들쑥날쑥 그 모양이 불규칙하다. 그림 2-27은 양자 퍼텐셜을 시간 변화에 따라 그래프로 그린 것이다. 그래프의 y축은 '시간'을 나타내는데 어느 특정한 시간에 x축을 자르면 그 단면이 그 시간의 양자 퍼텐셜을 나타낸다고 할 수 있다.

퍼텐셜 장벽의 절단면을 시각화한다면?

머릿속에서 시간이 0일 때부터 각 시간별로 x축을 잘라 그 단면이 어떻게 되어 있을까 상상해보자. 시간이 0일 때의 단면은 그대로 눈에 보일 것이다. 이것을 앞에서 말한 사각형 퍼텐셜 장벽과 비교해보면 장벽의 앞부분이 약간 패어 있고 장벽 앞면의 중앙 부분이 낮으며 완만한 것을 알 수 있다. 이 완만한 부분의 높이는 처음 퍼텐셜 높이의 절반 정도이다.

이 퍼텐셜이 낮아지는 부분이야말로 양자 퍼텐셜의 특징이다. 낮은 부분에서는 시간이 흐름에 따라 퍼텐셜이 앞면에서 중앙으로, 그리고 뒷면으로 이동해가는 것을 볼 수 있다(그림을 보면서 확인해보기 바란다. 시간마다 x축을 따라서 절단하고 그 단면을 상상해보면 된다).

또 앞면에 있던 원래는 평평했던 부분이 시간이 흐를수록 튀어나오는 사실도 확인할 수 있다. 이것은 퍼텐셜이 단독으로 일으키는 현상이 아니라 양자가 뛰어들 때 퍼텐셜과 상호작용한 것을 전체적으로 고려한 '세계의 변화'라고 할 수 있다. 퍼텐셜만이 존재하는 세계는 온전한 사각형의 퍼텐셜 장벽뿐이지만 거기에 '살아 있는' 양자가 들어가면 서로 영향을 주고받아 세계 그 자체의 구조가 변화를 일으킨다.

2-19 터널을 통과한 양자의 경로

터널효과로 양자 퍼텐셜의 대략적인 형태를 알아보았다.
이번에는 그 파 위를 서핑하는 입자의 경로를 살펴보기로 한다.

양자의 바다를 서핑하는 양자 퍼텐셜

다양한 경로가 표시된 아래 그림은 앞 절에서 본 양자 퍼텐셜의 그림을 위에서 내려다본 것이다. 입자를 여러 위치에서 퍼텐셜을 향해 굴렸다고 생각하면 된다.

앞의 양자 퍼텐셜 그림 2-27을 바로 위에서 보면 시간축의 오른쪽이 0이고 왼쪽이 미래이지만, 이 경로 그림에서는 시간축의 왼쪽이 0이고 오른쪽이 미래라는 점에 주의하기 바란다. $x=0.75$를 중심으로 해서 시간 축에 평행한 두 개의 선이 그려져 있는데 이것이 퍼텐셜 장벽을 위에서 본 부분이다.

많은 경로의 가능성이 있지만 먼저 시간 0에 $x=0.7$에서 나온 입자에 주목해보자. 이 경로는 퍼텐셜 장벽을 통과하여 무사히 건

그림 2-28 ▪▪ 봄 학파에서 보는 터널효과 경로

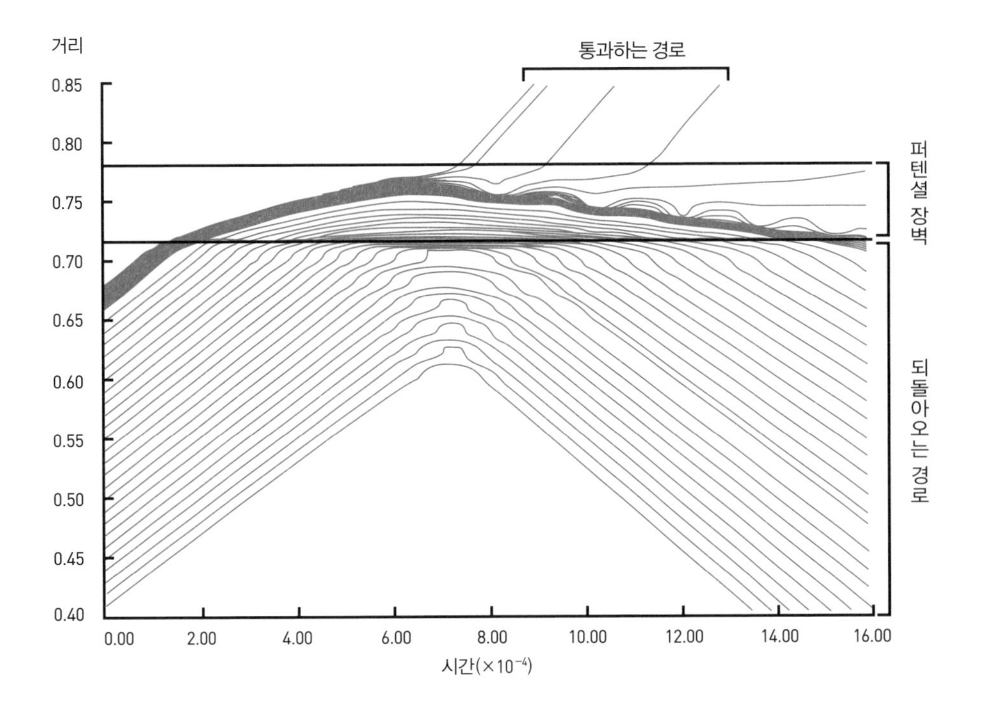

너편 쪽에 도달했다는 것을 알 수 있다(x=0.8지점에 보이는 네 가지 경로 중의 하나). 하지만 시간 0에 $x=0.65$에서 출발한 입자는 일단 퍼텐셜 장벽으로 들어가지만 결국은 되돌아와 시간 t=16.00에서는 퍼텐셜 장벽의 처음 쪽에 되돌아와 있는 것을 알 수 있다.

또 시간 0에 $x=0.5$나 $x=0.4$에서 출발한 입자는 퍼텐셜 장벽에 도달하기 전에 (양자 퍼텐셜의 튀어나오는 성질에 의해) 되돌아와 퍼텐셜 장벽 앞면에조차 가지 못한다. 이렇게 봄 학파의 양자론을 해석하게 되면 사각이 진 퍼텐셜 장벽이 유기적으로 꿈틀거리는 생물과 같은 양자 퍼텐셜이 되어 양자의 바다를 마치 입자가 서핑하는 것처럼 떠다니며 움직이는 이미지가 된다.

봄 학파의 해석도 불확정성원리에 제약을 받는다

그렇다면 좋은 경로를 선택해서 간다면 확실하게 퍼텐셜 장벽을 넘어 건너편으로 갈 수 있지 않을까 하는 생각을 할 수도 있다. 하지만 그것이 그렇게 간단하지가 않다. 시간 0에 확실한 x좌표로부터 정해진 속도로 출발하는 일은 불확정성원리에 제한을 받아 불가능하기 때문이다. 다시 말하면 가장 중요한 출발점이 불확정성원리로 인해 정해지지 않아 어떤 경로가 될지는 확률적으로밖에 알 수 없다.

코펜하겐학파의 해석과 봄 학파의 해석 모두 예측 결과는 같다. 이는 모두 슈뢰딩거방정식에서 출발하기 때문이다. 하지만 두 해석의 차이는 '이미지'의 차이로 나타난다. 결국 우리가 어떻게 해석하고 있는지에 따라 세계의 모습이 달라지는 것이다.

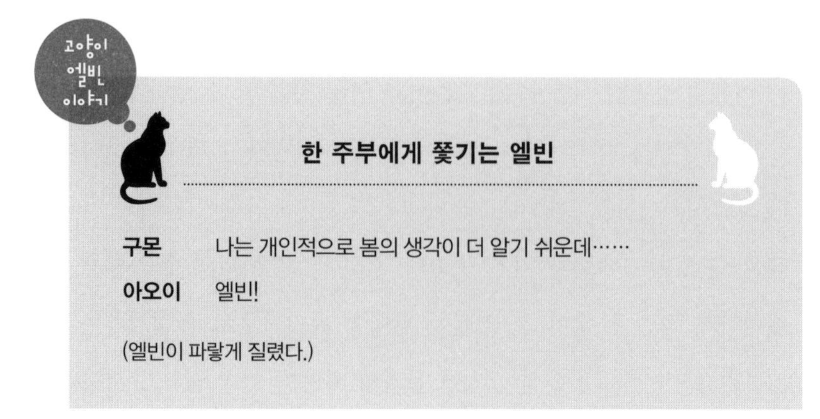

구몬 엘빈, 무슨 일이야? 갑자기 슈뢰딩거의 고양이가 된 거야?

(엘빈은 잠시 동안 코를 벌렁거리고 있더니 소리 없이 벽 쪽으로 달려가 사라진다. 잠시 후……)

집 밖에서 걸어가고 있던 아줌마 아, 안 돼! 이런 도둑고양이!

(모두가 방에서 얼굴을 마주보고 있는데 생선을 입에 문 엘빈이 벽을 통과해 나타나 테이블 위로 뛰어오른다. 놀란 유카와 선생이 창문 밖을 내다본다.)

아줌마 저, 저기…… 지금 묘하게 생긴 고양이가 생선을 훔쳐서 당신 집으로 뛰어 들었어요!

유키와 아! 어디로요?

아줌마 그, 그 창문이에요.

유키와 제가 하늘에 맹세하는데 이 창문으로 고양이가 집으로 뛰어든 일은 없습니다. 저는 단지 비명 소리가 들려서 누군가가 강도를 만나지 않았을까 해서 내다본 것뿐입니다. 여기 이렇게 방충망이 있지 않습니까?

아줌마 아, 그러고 보니 방충망이 있었네요. 내가 잘못 봤나?

구몬 엘빈은 자신의 초능력을 잘못 이용하고 있는 것이 아닌지…….

아오이 문제야, 문제.

구몬 선생님, 엘빈을 감싸는 것은 알겠지만 하늘에 맹세까지 하다니. 거짓말을 하면 안 되잖아요.

유키와 거짓말은 하지 않았답니다.

구몬 네?

유키와 이 창문으로라는 조건을 붙였으니 말입니다. 엘빈은 벽을 통과해서 들어온 것이지 창문으로 들어오지는 않았습니다.

구몬 선생님도 참…….

(엘빈은 사람들이 자신의 이야기를 하는 것에 아랑곳하지 않고 순식간에 생선을 먹어 치우고 이제는 얼굴을 씻기 시작한다.)

뉴턴역학에 브라운운동을 합한 양자론?

봄 학파의 양자 퍼텐셜은 진공에 존재하는 '브라운운동'의 원인이 된다고 볼 수 있다.
이러한 입장에서 보면 양자론은 뉴턴역학에 브라운운동을 합한 이론이라 할 수 있다.

브라운운동이란

브라운운동
(Brownian motion)
물질 주변을 둘러싸고 있는 분자의 충돌이 불균일하여 생기는 현상이다. 브라운이 물속의 꽃가루가 움직이는 것을 보고 발견했다고 하여 브라운운동이라고 한다. 나중에 아인슈타인에 의해 이론화되었다.

'브라운운동'은 수면에 떠 있는 꽃가루가 불규칙한 지그재그 운동을 하는 현상이다. 사실 양자는 이 브라운운동과 매우 비슷한 운동을 하는 것으로 알려져 있다. 수학적으로는 양자의 운동 경로가 브라운운동 그 자체이다. 양자의 '브라운운동'은 바로 시작점에 있는 양자의 위치만 알면 된다. 시작점의 양자의 위치가 정해지면 그 다음 양자의 위치도 확률적으로 정해지기 때문이다.

브라운운동과 비슷한 운동으로는 '술 취한 사람의 지그재그 걸음'이 있다. 이것은 술 취한 사람의 걸음을 수학적으로 계산한 것이다. 술 취한 사람의 걸음은 바로 직전의 위치에 의해 정해진다(어느 술집에서 출발했는지는 아무 관계가 없다).

양자 퍼텐셜과 브라운운동의 관계

봄 학파의 해석에서 보는 양자의 경로는 곳곳에서 꼬여 있다. 똑바로 진행하던 양자가 갑자기 경로를 바꾸는 것이다. 이것이 바로 브라운운동이다. 실제로 양자 퍼텐셜의 단면도를 그려보면 다음 그림에서 보는 것처럼 깊이 잘려진 곳이 많은 것을 알 수 있다.

그림 2-29 ∷ 양자 퍼텐셜의 단면도

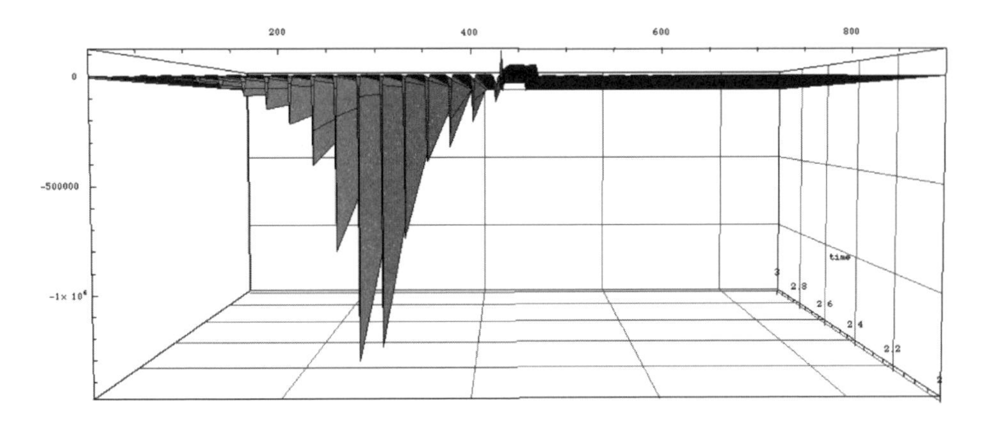

그래프 한가운데 있는 돌출 부분이 퍼텐셜 장벽이다. 입자는 이 그래프의 왼쪽 어딘가에서 출발하여 도중에 공간의 방해를 받으면서 퍼텐셜 장벽을 향해 나아간다.

양자론의 이미지

결국 양자란 일반적인 뉴턴역학의 '입자'에 브라운운동의 원인이 되는 수면과 같은 '울퉁불퉁한 진공'을 합한 것이라고 할 수 있다. 이 진공의 울퉁불퉁함이 매우 작아서 뉴턴역학에서는 무시되었던 것이다. 그러나 극소 세계를 연구하면서부터 물리학자들은 공간이 거울처럼 평평하고 매끄러운 것이 아니라 울퉁불퉁함의 연속임을 알게 되었다.

2-21 '봄 학파 양자론'에 관한 보충 해설

이번에는 봄 학파의 해석에 대한 기초적인 질문에 관한 답변을 통해 봄 학파의 양자론을 정리해보기로 한다.

'허수'는 이 세계에 실존한다!

봄의 '양자 퍼텐셜'은 부서진 파처럼 보일 수도 있다. 그러나 이것은 보통의 제방을 '양자역학의 안경'을 쓰고 본다면 어떻게 보일지 수학적으로 계산해 시각화한 것일 뿐이다.

다시 강조하지만 양자역학은 고전역학과 달리 허수를 이용한다. 허수는 제곱하면 부호가 마이너스가 된다. 영어로는 imaginary number(이미지너리 넘버, 상상의 수)라고 한다. 제곱하면 부호가 플러스가 되는 현실 세계의 수에 대해 허수는 비현실적인 세계의 수라는 뜻이다.

그러나 양자역학은 엄연히 현실 세계를 기술하고 있다. 결국 이 세계에는 허수도 존재한다고 생각하지 않을 수 없다. 만약 허수의 존재를 부정한다면 양자역학도 부정하게 된다. 그러면 양자역학에 기초한 전자공학도 존재 기반을 잃고 과학기술 사회는 뿌리부터 흔들릴 것이다. 휴대전화도 컴퓨터도 텔레비전도 가공의 신기루라 단호히 말할 수 있는 사람이 아니면 허수의 존재를 인정할 수밖에 없을 것이다.

'양자 안경'을 쓰고 본 세계

밤이 되면 어두워서 사람은 맨눈으로는 물체들을 볼 수 없다. 그러나 적외선카메라를 사용하면 열을 복사하는 물체들을 볼 수 있다. 예컨대 군대가 야간에 적진을 기습할 때 병사들은 적외선 안경(야간 투시경)을 착용한다. 그와 마찬가지로 허수의 세계를 보기 위해 '양자 안경'을 착용해보자. 그러면 지금까지 세계를 보았던 눈이 완전히 달라져 유령과 같은 묘한 세계가 눈앞에 펼쳐질 것이다. 반듯한 사각형의 제방처럼 보이는 것도 실은 기묘한 파가 쳐서 틈투성이가 되었음을 보게 될 것이다.

봄의 양자 퍼텐셜은 그림 2-30에서 보는 것처럼 양자역학의 허수 세계가 실제로는 어떻게 생겼는지 시각화한 것이다. 사각형의 단단한 제방과 파도가 쳐서 무수한 틈이 생긴 유령 같은 제방 중 어느 것이 현실적일까? 당연히 파가 쳐서 생긴 '양자 퍼텐셜'의 모습일 것이다. 왜냐하면 양자론이 옳기 때문이다.

단지 우리가 허수의 세계를 보지 못하고 있을 뿐이다. 그렇다면

그림 2-30 ∷ 봄의 양자 퍼텐셜

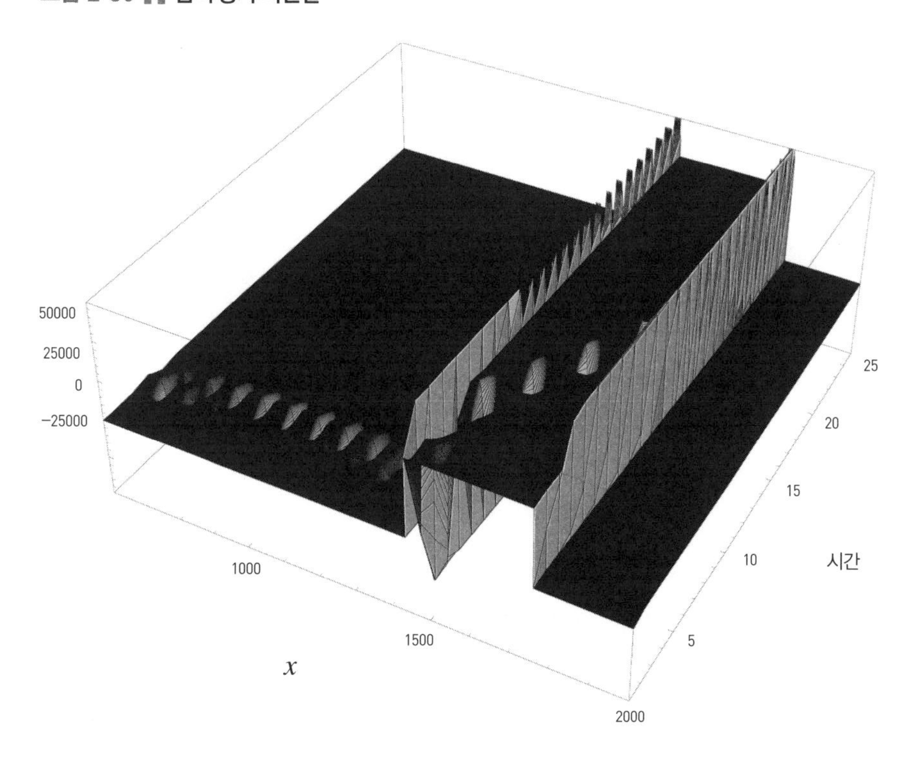

제방에 많은 틈이 있는 것은 그 틈을 통해 저 반대쪽으로 갈 수 있다는 뜻일까? 그렇다. 양자역학적 세계에는 앞서 언급한 것처럼 '터널효과'라는 현상이 있다. 고전역학적으로는 불가능해도 실험을 해보면 통과해버리는 놀라운 현상이다. 결론적으로는 이 세계가 '양자 퍼텐셜'의 모습과 같다는 것이 실험으로도 입증된 것이다.

오해를 받은 채 외면당한 봄

시각적으로 알기 쉬운 '양자 퍼텐셜'은 일반 양자역학 교과서에는 실려 있지 않다. 양자 퍼텐셜에 의한 양자역학의 정식화는 '이단'의 물리학자 데이비드 봄이 만들었다는 이유로 일반인에게는 별로 알려지지 않았다. 대학교에서도 코펜하겐 해석만 가르치고 실재론적 해석에 대해서는 완전히 외면하고 있는 실정이다. 가끔 과학철학을 공부하는 미래의 철학자들이 흥미를 가지는 정도일 뿐이고 대부분의 물리학자들에게는 잊어진 존재이다.

어떤 의미로는 봄이 오해를 받고 외면당하고 있다고 할 수 있다. 벨의 정리 실험에서 '숨은 변수이론이 부정되었다'고 해서 그 정리의 근거를 상세히 살피지도 않고 봄의 이론 역시 부정되었다고 생각하는 사람이 많다.

모든 판단에서 틀리는 일이 없어 두뇌가 명석하기로 이름난 과학철학자 마리오 분게 역시 봄의 이론이 벨의 정리에 의해 부정되었다고 설파하고 있다. 대부분의 사람들이 벨의 정리를 충분히 이해하고 있더라도 봄의 이론에 관한 구체적인 내용을 잘 알지 못해 그냥 동일한 결론을 내리는 경우가 많다.

특히 일본에서는 봄의 양자론을 비판했던 유명한 물리학자 다카바야시 다케히코*의 영향으로 아직도 봄이 틀렸다고 믿는 사람이 많다. 그의 비판은 당시로서는 적중했다. 그러나 그 후 지적된 결점이 수정되고 봄에 의해 상대론적으로도 확장되었다. 또 미국의 과학철학자 데이비드 앨버트(David Z. Albert)를 비롯한 많은

* **다카바야시 다케히코(高林武彦, 1919~99)** 일본의 이론물리학자. 도쿄대학 졸업. 대표적인 저서로 『열학사(熱學史)』, 『양자론 발전사』 등이 있다.

사람들이 저서를 통하여 봄의 이론을 소개하고 있다. 하지만 봄의 이론은 상대론적인 확장도 불가능하다는 오해를 받고 있다.

당당하게 살아 있는 봄의 이론

그렇지만 봄의 이론은 아직도 당당하게 살아 있다. 봄의 양자 퍼텐셜을 정식화한 내용의 양자역학 교과서도 있다. 비상대론적인 슈뢰딩거방정식이나 상대론적인 디랙방정식도 다룰 수 있다. 그러나 봄 학파의 양자역학이 일반적으로 정식화된 양자역학과 완전히 같은지에 관해서는 약간의 문제가 남아 있다. 어쩌면 봄의 양자역학과 일반적으로 정식화된 양자역학의 예측 결과가 다르게 나타나는 실험이 먼 훗날 이루어질지도 모를 일이다.

봄의 이러한 양자론적 해석을 두고 사람들은 '인과해석(causal interpretation)'이라고 한다. 이 인과해석에 따르면 실재론적으로 입자는 위치나 운동 궤도가 존재하기 때문에 원인과 결과를 따르는 고전역학 개념으로 이해할 수 있다는 것이다.

‘무한대 해의 난제’를 해결한 파인먼의 재규격화

물리학에는 ‘무한대 해’라는 매우 큰 문제가 있다. 방정식을 계산한 결과인 해가 무한대가 되는 것이다. 이러한 무한대는 물리학적으로 무의미하다. 따라서 이 문제는 많은 물리학자들에게 골칫거리가 되었다. 이 장에서는 무한대가 양자론에서 어떻게 해결되는지 살펴본다.

수학에서 본 재규격화의 예

'재규격화이론'이란 대체 무엇일까?
여기서는 구체적인 예를 통해 살펴보기로 한다.

'물질에서 실증으로'의 열쇠

지금까지 우리는 입자와 파의 성질을 동시에 지니는 '중첩'이 가능한 양자와 그것을 실재론적으로 파악하려 한 봄 학파의 양자 퍼텐셜에 대해서 알아보았다. 다음으로는 양자론의 계산에서 최대 난관인 '무한대'와 그것을 유한한 양으로 만드는 '재규격화'의 방법을 소개한다.

재규격화이론은 '물질에서 실증으로' 표현되는 양자론의 사상적 비약을 더욱 깊이 이해하는 방법이다. 그렇다면 무한대라는 계산 결과를 어떻게 유한한 양으로 만들까, 유한한 양으로 만들어도 문제는 없는 것일까? 이 '원리'를 이해하는 것이 곧 양자 세계의 '확장'을 이해하는 길이다.

수학의 '재규격화' 처방

소수를 다루는 수학책에는 반드시 나오는 불가사의한 수식이 있다.

$$1+2+3+4+5+6+\cdots$$

1부터 시작해서 정수를 더해 나가는 식이다. 이 식에 끝은 없다. 끝없이 계속 더해 나가는 것이다. 문제는 이 합의 값이 얼마냐는 것이다. 단순히 생각하면 '무한대'가 될 것이다. 이것도 하나의 답이기는 하지만 소수를 다루는 수학책에는 다음과 같은 기묘한 답이 적혀 있다!

$$1+2+3+4+5+6+\cdots = -\frac{1}{12}$$

그러니까 답은 무한대도 아니고 정수도 아닌 마이너스 12분의 1이라는 알 수 없는 수이다. 이해하기 어렵지만 이것은 오답이 아니다. 이 기묘한 공식은 현대수학에서 아주 일반적으로 사용되고 있다. 이것은 '무의미한 무한대에서 의미 있는 유한한 양을 도출하는 방법'으로서 '재규격화(renomalization)'라고 한다.

라마누잔의 1729

레제 결국 이끌어낸 답이 마이너스 12분의 1이라는 것입니까?

구몬 어? 언제 여행에서 돌아온 거야?

레제 지금 막 돌아왔어.

유카와 그렇습니다. 말 그대로입니다. 그리고 이 공식은 초끈이론이라는 현대물리학의 최전선에서도 사용되고 있습니다. 또 인도의 천재 수학자 스리니바사 라마누잔•의 편지에서도 그 공식이 언급되고 있습니다. "내 이론이 옳다면 이 말도 안 되는 공식이 성립한다네"라고 말입니다.

아오이 라마누잔이라면 1729라는 숫자의 일화로 유명한 사람이지요?

구몬 그건 또 뭐야?

레제 라마누잔이 결핵으로 요양하고 있을 때 친구인 고드프리 하디가 병문안을 왔어. 그때 하디가 자신이 타고 온 택시 번호 1729에 대해 "아무 의미 없는 숫자였다"라고 말하자, 라마누잔은 "아니지, 그것은 세제곱수 두 개의 합의 형태로 두 가지로 나타낼 수 있는 최소의 숫자지. 정말 재미있는 수가 아닌가"라고 말했다는 일화가 있어.

구몬 세제곱수?

아오이 어떤 수를 세 번 곱한 수를 말하지. $1729 = 1^3 + 12^3(1728) = 9^3(729) + 10^3$과 같이 두 가지로 나타낼 수 있잖아?

구몬 어, 이럴 수가! 나도 모르는 것을 해설하다니……. 혹시 나만 빼고 미리 짜고 얘기하는 거 아냐?

• **스리니바사 라마누잔 (Srinivasa Ramanujan, 1887~1920)**
인도의 수학자. 신비한 아시아의 귀재라고 불렸던 천재 수학자. 소수 분포에 관한 '라마누잔의 예상' 등 독학으로 많은 공식을 발견하였다. 영국 케임브리지 대학의 수학자 고드프리 하디(Godfrey Harold Hardy, 1877~1947)에게 인정을 받아 영국으로 건너가지만, 건강을 해쳐 다시 인도로 돌아왔으나 젊은 나이에 세상을 떴다.

재규격화이론을 생각한 물리학자들

3-2

재규격화는 수학에도 나오지만 물리학에서는
현실 세계의 실험과 관련되기 때문에 그리 간단한 문제가 아니다.

한스 베테의 재규격화

무한한 양을 재규격화하여 유한한 양으로 만드는 불가사의한 기법이 물리학에 처음 도입된 것은 독일계 미국 물리학자 한스 베테가 1947년에 쓴 논문이라고 알려져 있다. 한스 베테는 이름난 양자물리학자이다.

그는 수소 원자의 두 에너지 상태가 미세하게 어긋나 있는 것을 설명하는 데 성공했다. 즉 그 두 에너지 상태는 거의 같은 수준에 있지만 '전자가 자신이 만들어낸 전자기적 복사장과 자체상호작용(self–interaction)을 하기 때문에' 아주 미세하게 어긋난다는 것이다.

그림 3-1 ▪▪ 한스 베테(Hans Albrecht Bethe, 1906~2005)

독일계 미국 물리학자. 1933년에 영국으로 건너갔다가 1935년에 다시 미국으로 건너가 코넬 대학의 교수로 임용된 뒤 귀화했다. 핵반응, 별의 에너지 생성에 관한 연구로 1967년 노벨 물리학상을 받았다.

이 전자의 '자체상호작용'은 그다지 익숙하지 않은 용어이다. 예를 들어 욕조에 공을 띄워 보자. 거기에 다른 공을 세게 던지면 파문이 일어 처음에 있던 공이 흔들린다. 이것은 물이라는 '장소(공간)'를 매개로 하여 두 개의 공이 상호작용하는 것으로 볼 수 있다. 그리고 이 파문은 결국 욕조의 벽에 부딪치고 되돌아와서 나중에 던진 공도 흔든다. 이것은 어떤 의미에서 자신이 준 충격이 자신에게 되돌아오는 것이므로 자체상호작용이라 할 수 있다. 이 비유적인 설명에서 공에 해당하는 것이 전자이고 물에 해당하는 것이 전자기마당이다.

자체상호작용과 무한대 해의 발생

전자는 자신이 만들어낸 전자기마당에 의해 다시 영향을 받는다. 일반적으로 전자가 다른 전자에게 영향을 주는 방식은 '쿨롱의 법칙'을 따른다. 전자들 사이에 작용하는 힘은 두 전자가 지닌 전하량 q_1, q_2의 곱에 비례하고 두 전자 사이의 거리의 제곱에 반비례한다(진공의 유전율 ε_0는 상수).

그림 3-2 :: 쿨롱의 법칙

$$F = \frac{1}{4\pi\varepsilon_0}\frac{q_1 q_2}{r^2}$$

자체상호작용을 위의 식으로 해석하면 두 개의 전자가 완전히 일치한 경우, 즉 거리가 0인 경우이다. 그러나 분모가 0이면 계산 결과는 무한대가 되어버린다. 자체상호작용과 무한대 해가 생기는 것은 대략 이런 이유에서이다.

계산 결과는 무한대가 되지만 실제 전자들 사이의 힘이나 전자의 에너지 등은 어디까지나 유한한 양이다. 따라서 어떻게 해서든 이러한 실험과 이론의 괴리를 해소해야 한다.

이때 등장한 것이 한스 베테의 재규격화 방법이다. 그 후 재규격화 방법은 물리학자들의 많은 연구를 통해 서서히 이론으로 정립되기에 이르렀다. 주요 공헌자로는 도모나가 신이치로, 프리먼

다이슨, 리처드 파인먼, 줄리언 슈윙거(Julian Seymour Schwinger, 1918~94)를 들 수 있다.

노벨상을 받지 못한 한 남자

아이오 어디서 읽은 적이 있는데 위 사람들 중 한 사람만 노벨상을 받지 못했지요?

유카와 맞습니다. 그 사람은 바로 프리먼 다이슨입니다.

구몬 왜 노벨상을 받지 못했나요?

유카와 물론 이 문제는 노벨 위원회 위원이 아니면 모르겠지만 아마도 한 부문에 노벨상은 세 명까지 수여한다는 기준 때문이 아니었을까 하는 생각이 듭니다.

구몬 그 수상 분야에서 공헌도를 따져 상위 3위까지만 받는다는 것인가요?

유카와 그런 셈입니다.

레제 다이슨이라면 '다이슨의 구(Dyson sphere)'로 유명하지요?

구몬 그건 또 뭐야?

레제 다이슨은 1960년에 미국의 과학 전문 잡지 《사이언스》에 논문을 발표했어. 그 내용에 따르면 고도로 발달된 문명은 에너지의 낭비를 없애려고 자신의 별(태양)을 인공적인 구로 둘러싸 버린다는 거야. 그리고 가시광선과 그보다 짧은 파장의 전자기파는 전부 활용하고 나머지 적외선 파장 이상의 전자기파는 열을 외부로 내보낼 목적으로 복사시킬 것이라고 예언했지.

구몬 만약 지구의 문명이 발전하면 태양을 완전히 구로 둘러쌀 것이다?

레제 그래. 만약 다이슨의 예언이 옳다면 우리보다 더 진화된 지구 밖의 생명체를 찾기 위해서는 적외선을 복사하는 별을 찾으면 되겠지.

구몬 그런 별이 발견됐어?

레제 아니.

구몬 ……

그림 3-3 ∷ 프리먼 다이슨(Freeman John Dyson, 1923~2020)

영국 출신의 미국 이론물리학자이자 우주물리학자. 프린스턴 고등학술연구소 교수를 역임하였다. 상대성이론과 양자역학을 통합하는 공식(다이슨방정식)을 세웠다. 소립자론, 우주물리학 등에서 큰 업적을 남겼다.

파인먼다이어그램 입문

재규격화의 방법을 시각적으로 이해하려면 파인먼이 생각해낸 '파인먼다이어그램'을 보는 방법부터 익혀야 한다.
파인먼다이어그램을 보고 이해할 수 있으면 재규격화의 의미도 이해할 수 있다.

양자마당의 일들을 기술하는 파인먼다이어그램

물리 현상은 그림으로 그려 생각하면 훨씬 더 이해하기 쉽다. 두 대전입자 사이에 작용하는 힘은 두 입자 사이에 작용하는 쿨롱의 힘을 통해 나타낼 수 있다. 입자의 관점에서는 대전입자들 사이에 작용하는 힘은 두 입자 상호 간에 순간적으로 동시에 전해지는 것으로 본다. 이를 '원격작용(action at a distance)'이라고 한다. 도중에 무슨 일이 벌어지는지에 관해서는 문제 삼지 않는다.

한편 파동의 관점에서는 동일한 상황을 전자기마당의 '물결'로 나타낼 수 있다. 그것은 앞에서 나왔던 예를 이용하면, 힘이 욕조에 담아둔 물에서 파문처럼 퍼져 나가는 것과 같다고 생각하면 된다. 이 경우는 힘이 천천히 전해진다고 본다. 이를 '근접작용

(action through medium)'이라고 한다.

이 전자기마당에 전해지는 힘을 나타낸 그림 위에 가장 먼저 나온 입자의 궤적을 그려 보면 쉽게 알 수 있을 것이다. 이 그림을 더 알기 쉽게 하기 위해 전자기마당의 흐름(힘의 전달)을 '광자'라는 입자로 나타내 보자. 두 대전입자 사이에 작용하는 힘을 시각화해본다면 '두 대전입자가 광자를 캐치볼하고 있는' 모습으로 생각할 수 있다.

이 마지막 이미지가 '양자마당(quantum field)'이라는 물리학의 가장 기초적인 이해 방법이라고 할 수 있다. 그리고 이 양자마당에서 생긴 일들을 그림으로 나타낸 것이 바로 '파인먼다이어그램(Feynman diagram)'이다.

그림 3-4 :: 마당(장)에서 파인먼다이어그램으로

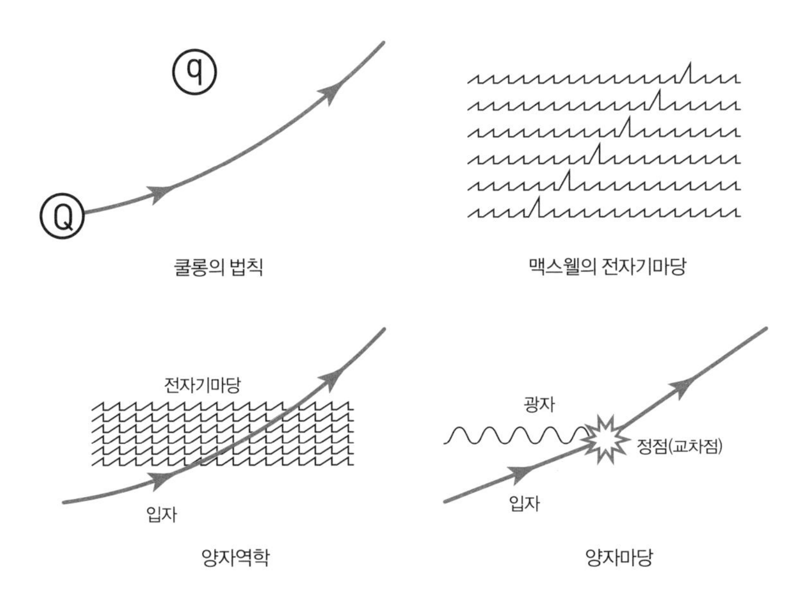

파인먼다이어그램을 그려 보자!

먼저 간단한 파인먼다이어그램부터 그려 보기로 한다.

이 파인먼다이어그램은 앞에서 본 '마당(field)에서 파인먼다이어그램으로'에 있는 것을 묘사한 것이다. 한가운데 있는 물결 모양의 선은 '광자'를 나타낸다. 이는 '힘의 전달자'를 의미한다. 이 경우는 전자기력이 전달되고 있다. 또 상하로 표시되어 있는 화살표는 두 개의 대전입자를 나타낸다. 이 경우는 전자(↗)와 양전자(↘)이다.

이것만으로도 훌륭한 파인먼다이어그램이라 할 수 있다. 하지만 이해하기에는 좀 부족하다. 왜냐하면 두 대전입자 사이의 상호작용이 언제 어디에서 일어나는지 명확히 나타나지 않기 때문이

그림 3-5 파인먼다이어그램의 기초

그림 3-6 ▪▪ 시간과 공간의 좌표에서 나타낸 파인먼다이어그램

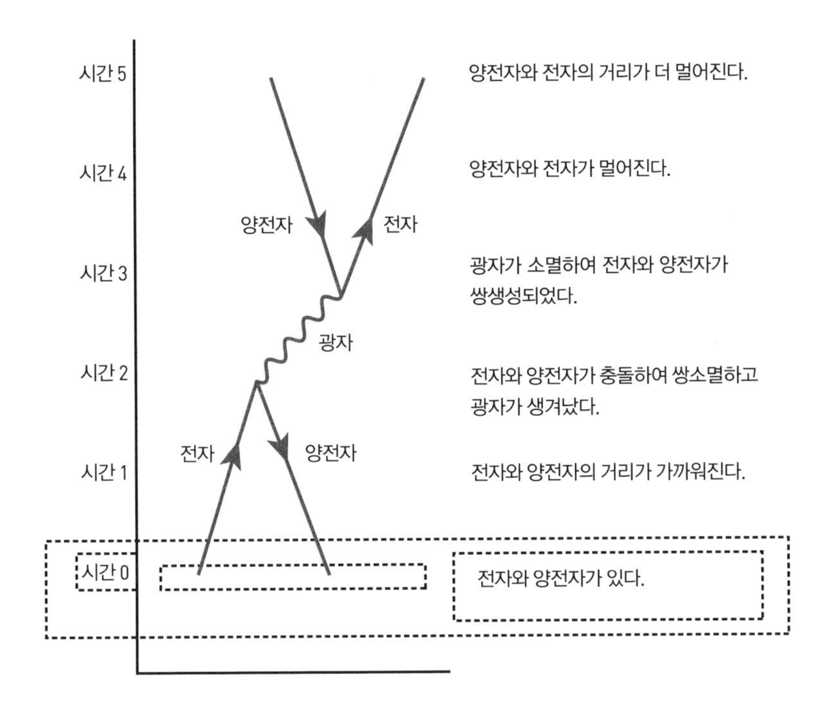

다. 이 파인먼다이어그램을 시간과 공간의 축으로 이루어진 좌표에서 그래프로 나타내보자.

세로축이 시간을, 가로축이 공간을 나타낸다. 그래프용지를 떠올리면 더 알기 쉽다. 그래프용지에 가로축과 세로축을 그린다. 세로축의 단위는 '초'이고 가로축의 단위는 '미터'이다.

세로축의 1초와 가로축의 3미터가 만나는 점에 전자궤도가 있다면 그 시간과 장소에 전자가 존재한다는 것이다. 같은 방법으로 세로축 5초와 가로축 2미터가 만나는 점에 광자의 물결선이 있다면 그 시간과 장소에 광자가 있음을 뜻한다.

그렇다면 어떤 시간과 장소에서 전자궤도와 광자의 물결선이 동시에 나타날 경우 그것은 무엇을 의미하는 것일까?

그림 3-7 ▪▪ 리처드 파인먼(Richard Phillips Feynman, 1918~88)

미국의 이론물리학자. 양자전기역학(quantum electrodynamics, QED) 창시자 중의 한 사람이다. 1965년 노벨 물리학상을 받았다. 캘리포니아 공과대학(Caltech)에서 한 강의를 바탕으로 저서 『파인먼의 물리학 강의(The Feynman Lectures on Physics)』를 펴냈다. 이 책은 물리학의 입문서로서 세계적으로 높은 평가를 받고 있다.

파인먼스코프 사용법 3-4

세로축이 시간, 가로축이 공간인 그래프를 '시공도'라고 한다.
이 시공도를 일반인들이 이해하기는 쉽지 않을 것이다.
그래서 '파인먼스코프'라는 편리한 도구를 사용해 보기로 한다.

'현재'를 잘라내는 도구 – 파인먼스코프

파인먼다이어그램은 과거에서 미래까지, 그리고 모든 공간을 시공간의 그림으로 나타낼 수 있다. 따라서 물리학자가 계산을 할 때 매우 편리하다. 그러나 물리학자가 아닌 경우는 '시공간'을 인식하지 않고 지낸다. 일반적으로 우리는 '현재'와 '여기'라는 시공간의 아주 좁고 제한된 범위만 보고 있다. 또 세계나 우주의 확장(시공간)을 상상할 수는 있겠지만 과거에서 미래까지의 확장을 모두 상상하기란 어려운 일이다.

그래서 시공간 전체가 범위인 파인먼다이어그램을 도구로 써서 그 일부만 보이도록 기능을 제한하여 본다. 그러면 파인먼다이어그램의 한 부분이 실생활의 어느 부분에 해당하는지 이해할 수

그림 3-8 ▪▪ 파인먼스코프 그림

(주 : 이것은 이해를 돕기 위한 것으로 물리학자들이 실제로 사용하는 방법이 아니다!)

있을 것이다. 그 방법적 도구가 바로 파인먼스코프이다.

이것을 그림 3–5 파인먼다이어그램의 가장 아랫부분에 겹쳐보자. 그러면 '지금 시각'을 표시한 왼쪽의 네모난 창과 '지금 공간의 물리적 상태'를 표시한 가운데의 얇고 긴 창, 그리고 '설명'을 표시한 가장 오른쪽 창을 확인할 수 있을 것이다. '시간 0'에서 가운데 창의 '좌우로 짧은 선'이 있는데 이것이 '전자와 양전자'이다.

이것은 일종의 '눈가리개' 같은 것이다. 파인먼다이어그램은 이렇게 시간과 공간에서 일어나는 일을 한눈에 알 수 있는 이점이 있다. 하지만 '시공도'에 적응할 때까지는 '눈가리개'를 하고 '현재'라는 '시공도'만 생각하는 것이 이해하기 쉬울 것이다.

광자와 전자와 양전자가 만나는 교차점

이 눈가리개를 조금 위로 올려보자. 시간 2에서는 공간의 왼쪽 방향에서 온 전자와 오른쪽 방향에서 온 양전자가 부딪쳐 쌍소멸하면서 광자로 '변신'한다. 다음 그림에서 보는 것처럼 세 갈래로 나뉘는 곳은 광자와 전자 그리고 양전자가 만나는 '교차점(vertex)'

그림 3-9 ∷ 파인먼다이어그램의 교차점을 나타낸 그림

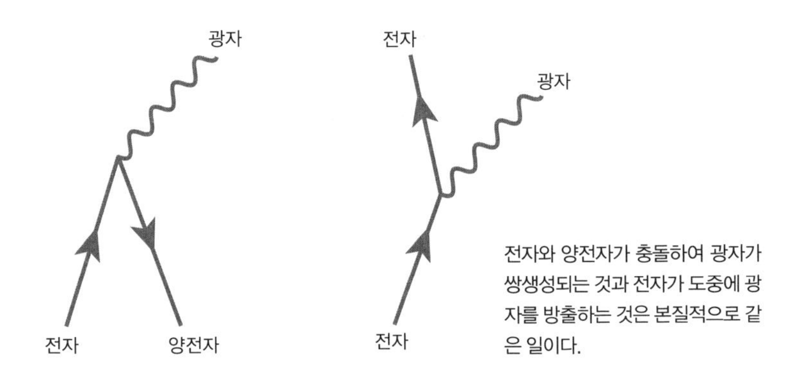

이다. 이 교차점으로 들어오는 세 종류의 양자는 '에너지 수지'만 맞으면 변신한다.

그러나 양자론은 '확률'에 지배되는 세계이므로 이 교차점에서 세 개의 양자가 서로 변신하는 것은 확률로 정해져 있다. 그 수치는 약 137분의 1이다. 즉 가지고 있는 에너지가 서로 맞는 전자와 양전자와 광자가 만났을 때 약 137회에 한 번 꼴로 모습을 바꾼다는 뜻이다.

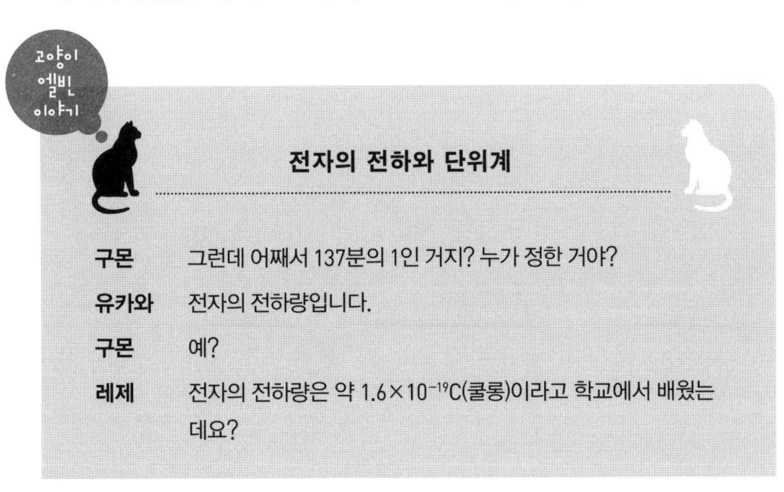

전자의 전하와 단위계

구몬 그런데 어째서 137분의 1인 거지? 누가 정한 거야?

유카와 전자의 전하량입니다.

구몬 예?

레제 전자의 전하량은 약 1.6×10^{-19}C(쿨롱)이라고 학교에서 배웠는데요?

유카와 그렇습니다. 그것이 우주에 존재하는 가장 작은 전하량입니다. 다른 전하는 모두 이 전하량을 최소 단위로 정수 배가 됩니다. 하지만 양자론의 세계에서는 더 편리한 계산단위계를 사용합니다. 예를 들면 광속은 일반 단위로 마하 90만 또는 초속 30만 킬로미터라는 식의 표현입니다. 광속을 '1'로 정한 단위계도 그러한 예입니다.

아오이 광속이 '1'이라는 것은 무슨 의미인가요? 속도의 단위는 '거리÷시간'이니까 '미터/초' 또는 '킬로미터/시'가 아닌가요?

유카와 처음에 공간과 시간의 단위를 정했다면 속도의 단위는 거기서 도출됩니다. 하지만 도출을 거치지 않고 처음부터 속도의 단위를 미리 정하면 속도의 단위는 '무단위'가 되어도 상관이 없습니다.

레제 단위라는 것은 어떻게 정하든 자의적인 것이기 때문에 문화적 합의 사항에 지나지 않는 것이라 생각하는데요?

유카와 그렇습니다. 그래서 모든 속도를 '우주의 최고 속도'인 광속을 기준으로 '그것의 몇 퍼센트인가'로 표현해도 상관없는 것입니다. 예를 들어 초속 15만 킬로미터라면 어떻게 됩니까?

구몬 모… 모르겠는데요.

아오이 광속의 50퍼센트입니다.

레제 아니면 '1/2'이라고 해도 됩니다.

유카와 맞습니다. 양자론을 하는 물리학자들은 '자연단위계'라는 특수한 단위계를 사용합니다. 여기서는 광속도 플랑크상수도 모두 '1'로 설정합니다. 그리고 자연단위계에서는 전자의 전하 e에 대해서도 제곱을 취하여 '137분의 1'로 나타냅니다.

구몬 (구석에서 엘빈의 머리를 쓰다듬고 있다.)

엘빈 (동정 어린 눈빛으로 구몬을 바라보면서 하품을 한다.)

과거와 미래의 의미 3-5

파인먼다이어그램의 교차점은 시공도에서
'어느 방향으로 얼마의 각도인지'에 따라서 완전히 의미가 달라진다.
지금부터 파인먼다이어그램에서 과거와 미래에 관한 내용을 살펴보기로 한다.

양자는 '변화무쌍한' 존재

원래 양자론에서는 양자를 '확고한 물질'이라고 생각하지 않는다. 그리고 양자는 에너지를 가지고 있으면서 확률의 법칙에 따라 모습을 바꾸는 '변화무쌍한' 존재라고 생각하는 편이 훨씬 나을 것이다. 양자는 파인먼다이어그램에서 '교차점'의 방향과 각도를 조정할 경우 그 해석이 완전히 달라지는 것만 보더라도 그 변화무쌍함을 알 수 있다.

여기서 교차점은 처음에 있던 한 개의 전자가 약 137분의 1이라는 확률로 광자를 방출하고 자신은 왼쪽 방향으로 약간 경로를 수정한 것이라고 해석할 수 있다(그림 3-10 참조). 또 다음 그림 3-11에서 보는 교차점은 전자와 양전자와 광자가 동시에 만나 소

그림 3-10 ∷ 전자가 광자를 방출하고 교차점에서 경로를 바꾸는 모습

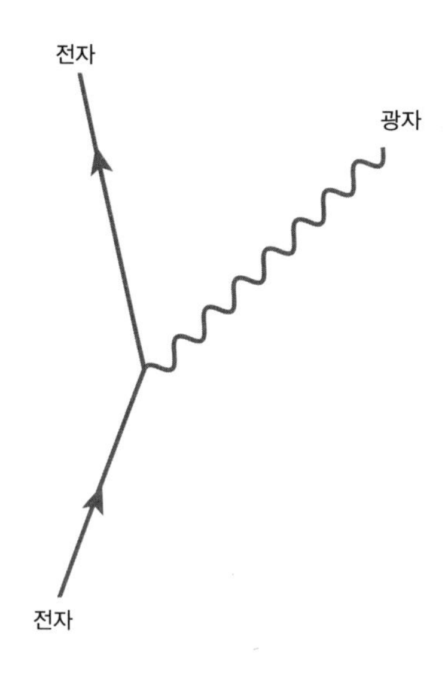

그림 3-11 ∷ 전자와 광자와 양전자가 소멸하는 교차점의 모습

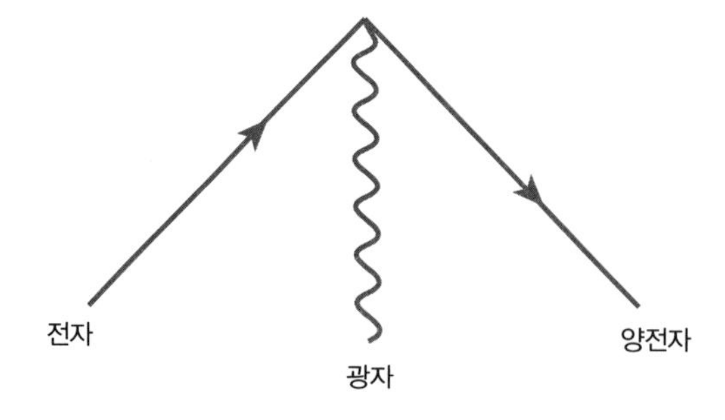

멸하는 물리적인 현상을 나타낸다.

이처럼 시공도에서는 교차점이 어떻게 배치되어 있는지에 따라서 완전히 다른 물리적 현상이 일어나는 것처럼 보인다.

시공간의 '좌표'에는 보편적 중요성이 없다!

아인슈타인의 상대성이론에 따르면 우주에 존재하는 시간은 유일무이한 것이 아니라 수없이 많은 것으로 알려져 있다. 그리고 그 각각의 시간적 흐름에 따라 '동시'와 '시간적인 과거'와 그리고 '미래'의 구분마저 달라지는 것도 이미 알려져 있다.

만약 우주선을 타고 있는 엘빈의 눈에 전자가 광자를 방출하는 것처럼 보이는 현상을 지구에 있는 구몬이 본다면 전자와 양전자가 부딪쳐 광자가 쌍생성된 것처럼 보일 수도 있는 것이다.

지금까지의 이야기는 시공간의 '좌표' 속에 그린 파인먼다이어그램이었는데 결과적으로 이 좌표 자체는 보편적 중요성이 없다. 물리학자들이 여러 가지 양자 차원의 현상이 일어나는 확률을 계산할 때는 아무것도 없는 종이 위에 파인먼다이어그램만 그리고 계산한다.

그러나 배우는 입장에서 본다면 역시 시공간이라는 토대 위에 파인먼다이어그램을 그리는 것이 이해하기가 쉽다. 따라서 대부분의 양자론 입문서에는 '시공도'로서 파인먼다이어그램을 소개하고 있다.

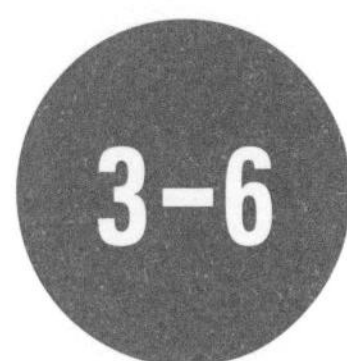

광자가 소멸하는 순간, 진공편극

세 경로로 나뉘는 갈림길인 '교차점' 두 개를 서로 이으면 '고리선(loop)'이 생기는데 고리선의 상호작용 확률을 계산하면 무한대가 된다. 왜 그럴까?

진공에서 '편극'되는 양자

다음의 그림 3-12, 3-13은 두 교차점을 서로 연결한 그림이다.

이 두 파인먼다이어그램은 모두 '진공편극(vacuum polarization)'이라고 한다. 진공편극 1과 2의 차이는 광자가 두 교차점 부분에 연결되었는지의 여부이다. 전자와 양전자와 광자를 모두 연결하여 폐곡선을 만들면 진공편극 1(그림 3-12)이 되고 광자만 빼고 연결하면 진공편극 2(그림 3-13)가 된다.

진공편극 1(그림 3-12)에서는 아무것도 없는 진공의 과거에서 시작한다. 그리고 갑자기 극성이 음전기를 띤 전자와 양전기를 띤 양전자와 그리고 중성인 광자가 생성된다. 그 광자는 다시 소멸하여 아무것도 남지 않는다. 이를 두고 "진공에서 양자가 생성되어

편극(극의 나뉨)되었다"라고 한다.

진공편극 2(그림 3-13)에서는 처음에 광자만 있다. 그리고 광자가 '소멸'하는 순간에 전자와 양전자가 쌍생성되었다가 다시 쌍소멸하여 광자만 남게 된다. 이를 두고 "전자와 양전자가 진공에서 편극되었다"라고 말한다.

그림 3-12 ∷ 진공편극 1

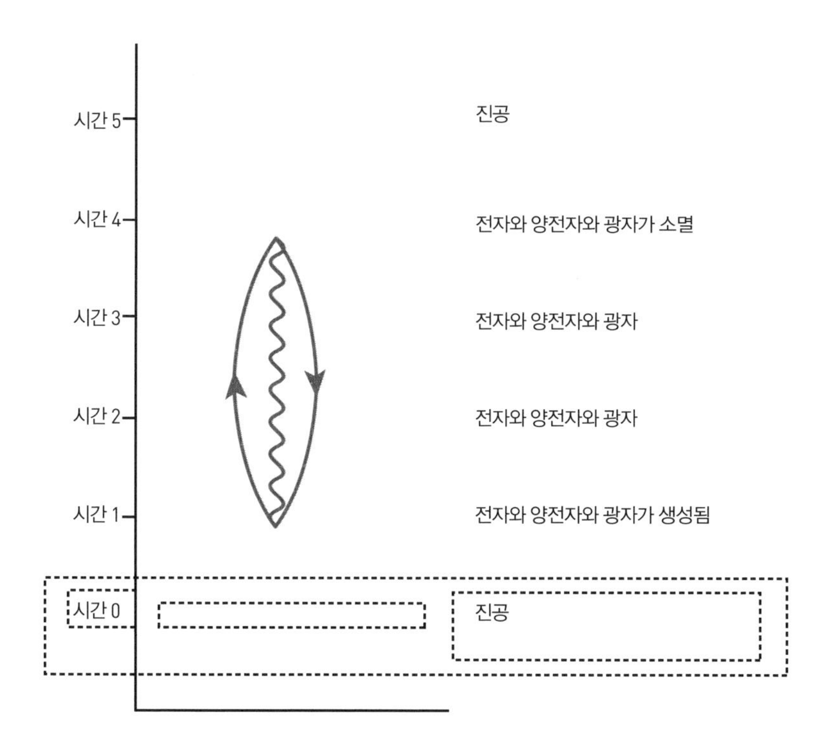

그림 3-13 :: 진공편극 2

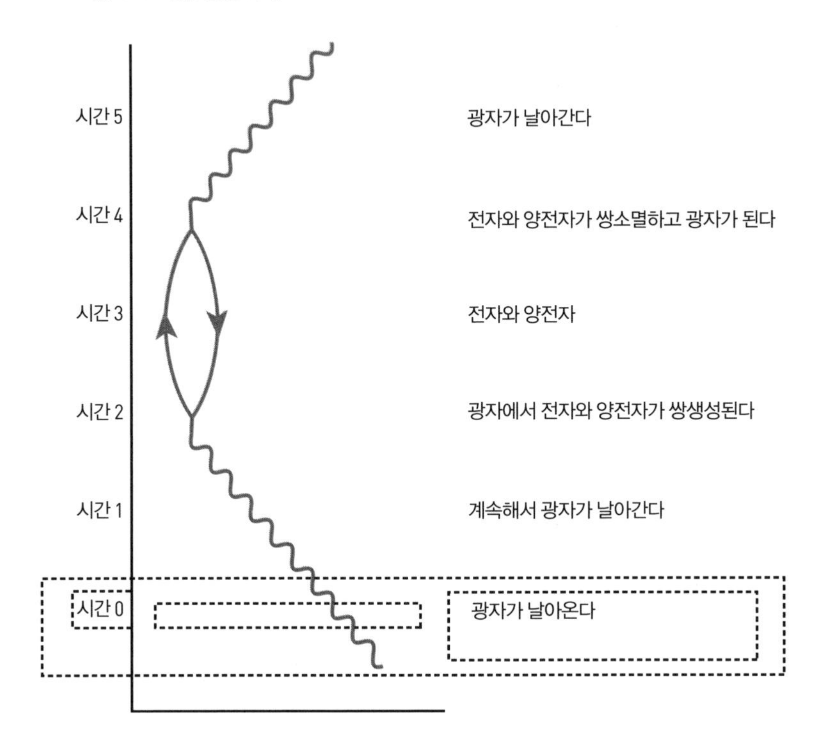

진공편극이 일어나는 확률의 계산

이 진공편극이 일어나는 확률을 계산해보자. 실제로는 계산 방법이 어렵지만 다음과 같이 대략적인 확률을 계산할 수 있다.

대략적 계산의 핵심 키워드 :

(1) 교차점이 먼저 몇 개인지 센 뒤 교차점의 개수에 대응해 137분의 1을 곱한다.

(2) 에너지 수지를 고려하여 도중의 모든 에너지의 분배 가능성을 더한다.

원래 진공편극은 교차점 두 개를 서로 이은 것뿐이므로 핵심 키워드 (1)과 관련하여서는 '137분의 1'의 제곱으로 계산이 끝난다. 문제는 핵심 키워드 (2)이다. 에너지 수지라는 것은 들어오는 에너지와 나가는 에너지를 계산하면 서로 맞아떨어진다는 뜻이다. 진공편극 1의 경우에는 시작과 끝의 에너지가 모두 0이므로 에너지 0에서 시작해서 에너지 0으로 끝난다.

진공편극 2의 경우는 그림 3-14를 보면서 이해해보자. 시작과 끝의 광자 에너지가 같다. 과거에서 들어온 광자 에너지를 q라고 하자. 그러면 미래로 빠져나가는 광자 에너지도 q일 것이다. 그렇다면 시작에서 끝에 이르는 그 과정은 어떨까?

도중의 닫힌 '고리선'에서 q가 좌우로 나뉘어 흐른다고 생각해보자. 왼쪽 경로의 에너지가 p라면 오른쪽 경로의 에너지는 (q-p)가 되어야만 한다. 광자의 운동량도 마찬가지다. 광자의 에너지 E와 운동량 p는 E=pc의 관계가 성립한다. 여기서 광속 c가 1로 설정되므로, 결국은 운동량도 에너지와 동일한 관계가 성립된다.

그림 3-14 ▪▪ 운동량 p가 갖는 모든 가능성

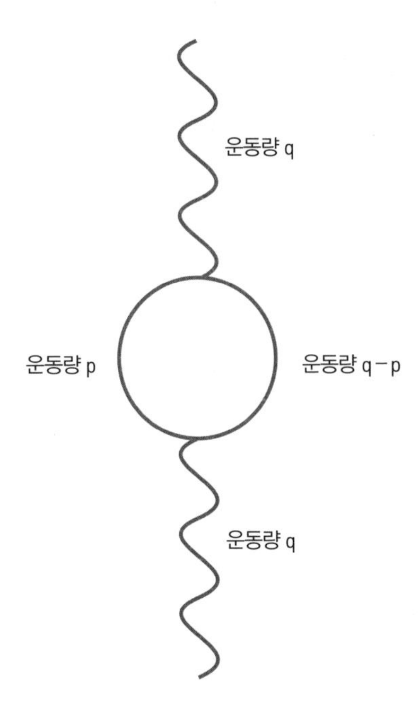

문제가 있다면 이 p값을 정하는 방법이 특별히 없다는 것이다. p가 어떤 값이 되더라도 상관없이 에너지(운동량)보존법칙이 성립한다. 양자론에서는 '어떤 값이라도 상관없는' 경우, 모든 가능성을 더한다. p가 갖는 모든 가능성을 더해보자. 어떻게 될까?

허공에 사라진 슈뢰고양이 탐정단(구몬을 제외하고)

레제 선생님, 이것은 전자기학의 '유전 분극(dielectric polarization)'과 비슷한가요?

유카와 그렇습니다. 유전체의 경우, 자유전자는 없고 전자의 위치가 거의 고정되어 있습니다. 그러나 외부에서 전기마당을 가하면 그 영향으로 극성이 다른 양전기를 띤 원자핵과 음전기를 띤 전자의 위치가 전기력에 이끌려 특정 방향으로 약간 치우쳐 변하게 됩니다. 그로 인해 편극(분극)이 발생합니다. 그러한 편극이 진공에서도 일어난다고 생각하면 됩니다.

구몬 그렇다면 유전(油田)의 편곡(編曲)???

유카와 아니, 아닙니다. 글자도 의미도 전혀 틀립니다. 여기서 유전체는 '절연체'를 뜻합니다. 전기를 통하지 못하게 하는 성질을 강조할 때는 '절연체'라고 하지만, 전자가 외부 전기마당에 이끌려 위치가 어긋나는 물리적인 상태를 강조할 때는 '유도체'라고 합니다. 또 편극에서의 '극'은 전기의 플러스 극과 마이너스 극에서의 '극'과 같습니다. 편극(偏極, 극 나뉨)을 영어로는 '폴라리제이션(polarization, 분극화현상)'이라고 합니다.

무한대 해의 난제

모든 가능성을 합하면 양자론에는 '해가 무한대'라는 난제가 생긴다.
물론 그 문제는 고전물리학에서도 존재해왔던 것이다.

이럴 수가! 해가 무한대라니!

모든 가능성을 합하는 것은 수학적으로는 '적분'에 해당한다(물리학자의 머릿속에는 적분은 곧 덧셈이라는 이미지가 있다). '고리선'을 흐르는 운동량(에너지) p는 영에서 무한대까지의 가능성이 있다. 이 모든 가능성을 합하면 결과인 해는 당연히 무한대(∞)가 될 것이다.

최종적으로 진공편극의 확률 개산(대략적 계산)은 137분의 1을 제곱한 값에 무한대를 곱한 것이므로 결국 해의 크기는 무한대가 된다. 이 난제를 과연 어떻게 해결할 수 있을까?

무한대 해는 '뿌리 깊은' 난제

사실 이러한 무한대 해의 난제는 양자론에서 처음으로 문제가 된 것은 아니다. 이미 고전물리학(뉴턴역학이나 맥스웰의 전자기학)에서도 있었던 문제다. 뉴턴역학에서 만유인력의 법칙이나 전자기학에서 쿨롱의 법칙은 힘이 거리의 제곱에 반비례한다.

그림 3-15 ∷ 뉴턴의 만유인력의 법칙

$$F = G\frac{Mm}{r^2}$$

그림 3-16 ∷ 쿨롱의 법칙

$$F = \frac{1}{4\pi\varepsilon_0}\frac{q_1 q_2}{r^2}$$

원칙적으로 이 거리에는 제한이 없다. 그러나 '거리 $r=0$'일 경우는 과연 어떻게 될까? 유한한 값을 0으로 나누면 해는 무한대라는 값을 가진다.

한편 에너지의 경우 물리학적으로 보면, 거리라는 개념과 에너지라는 개념은 서로 '역수' 관계에 있다. 이를 이해하려면 같은 전하를 가진 두 입자(예를 들면 전자)를 계속 붙여보면 알 수 있다. 같은 극의 전하는 쿨롱의 힘에 의해 반발하기 때문에 이들을 밀착시키기 위해서는 계속해서 더 큰 에너지(일)를 가하지 않으면 안 된다[여기서 에너지는 두 전하에 주어지는 운동 에너지이다. 즉 큰 운동 에너지(일)를 주지 않으면 밀착되지 않는다는 뜻이다].

고전물리학이 '숨기고' 있던 무한대 해의 난제는 양자론까지 이르렀고 급기야 '표면화'되어 무시할 수 없는 존재가 되고 말았다. 고전물리학의 단계에서는 '그렇게까지 거리가 가까워지면 고전물리학을 뛰어넘는 기초 이론이 필요하기 때문에 그 수준까지는 생각하지 않아도 된다'고 여기고 있었다. 그런데 양자론은 가장 기초적인 학문이라고 할 수 있다. 바꾸어 말하면 이제 더 이상 그 문제를 감출 수 없게 되었다는 얘기이다.

'섭동'이라는 수학적 방법 3-8

재규격화이론은 이론과 실험의 관계를 기술하는 학문이다.
이론적인 수학적 기법의 '근사식'이지만
바로 이 근사식의 '변수'가 요인이 되어 해가 무한대가 되어버린다.

'근사식'이라는 수학 기술

여기서부터는 여러 가지 수식이 등장한다. 먼저 간단한 근사적인 계산부터 살펴보기로 한다. 여기에 다음과 같은 이론이 있다.

$$\frac{1}{1-x}$$

이것을 알고 있다면 별다른 문제가 되지 않겠지만 인간의 지식은 한계가 있어서 이 식의 정확한 형태를 아직 알지 못한다. 그러나 이 식은 실험을 통한 근사식으로 다음과 같이 쓴다.

$$1+x$$

그림 3-17 :: 1/1−x(실선)과 1+x+x2+…(점선)

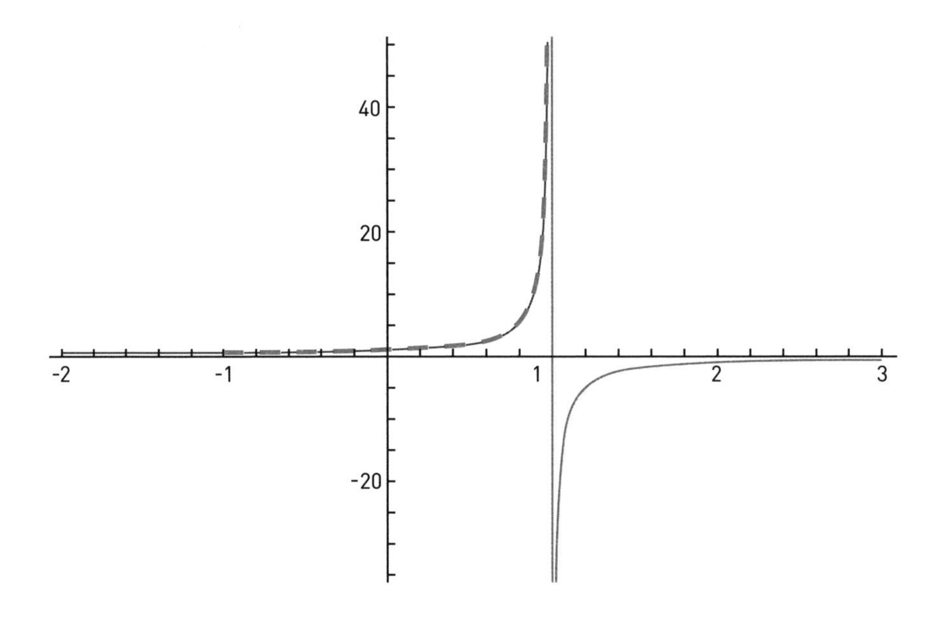

이 근사는 $x=0.001$과 같이 x가 작을 때는 다음과 같이 근사식과 정확한 식이 거의 일치하는 것을 알 수 있다.

$$\textbf{정확한 식} = \frac{1}{0.999} = 1.001001 \cdots\cdots$$

$$\textbf{근사식} = 1 + 0.0001 + 1.001$$

그러나 정밀 실험을 해보면 정확한 식의 훨씬 작은 숫자까지 알 수 있기 때문에 근사식도 정밀도를 높여서 다음과 같이 표현하는 것이 좋다.

$$1 + x + x^2$$

실제 이 정도의 근사식을 사용하면 다음과 같이 실험 수치에 매우 가까운 결과가 나온다.

$$\textbf{근사식} = 1 + 0.001 + 0.000001 = 1.001001$$

반응확률과 섭동

이처럼 제0 근사의 1, 제1 근사의 0.001, 제2 근사의 0.000001처럼 작은 보정을 계속해 나가는 방법을 '섭동(perturbation)'이라고 한다. 이 방법은 원래 행성의 운동을 계산할 때 처음은 제0 근사로 태양의 영향만을 생각하고, 다음은 제1 근사로 옆에 있는 행성의 영향을 생각하고……라는 방식으로 사용하였던 것이 시초이다.

양자론의 반응확률 계산에서도 이와 같은 근사식을 사용하고 있으며 이는 다음과 같은 식으로 나타낼 수 있다.

$$\textbf{반응확률}\ f(x) = e^2 + e^4 g(x) + e^6 h(x) + \cdots\cdots$$

$f(x)$는 양자끼리 반응하는 확률과 관련이 있다. e는 전자의 전하량이다. 수치로서 e의 제곱은 양자전기역학에서 약 137분의 1

로 표현된다. g와 h는 형태를 알고 있는 함수이다. 예를 들면 양자전기역학에서는 모든 에너지에 관해 적분하는데 다음과 같은 형태를 하고 있다(파인먼은 이 수식의 구체적인 계산 방법을 발견했다).

$$\mathrm{g} = \alpha \int_0^{\infty} \frac{dt}{\mathrm{t} + x}$$

이 식의 의미는 에너지(t)에 대해 0에서 무한대까지 적분하라는 것이다. 물론 문제는 적분 구간에 있는 무한대이다. 어쨌든 여기서는 처음에 나왔던 $1/1-x$에서처럼 미지의 '반응확률'을 섭동의 근사적인 방법으로 계산하고 있는 것만 확인하면 된다.

재규격화의 핵심 포인트

재규격화의 핵심 포인트는 의외로 쉽게 이해할 수 있다. 근사식의 '$1+x+x^2+\cdots\cdots$'(그림의 점선)만 알고 있다고 가정하자. 그리고 근사식이 무한히 많은 항을 가지고 있다고 하자. 이 무한급수가 의미를 가지려면 x의 절댓값이 1보다 작은 경우이다. x에 3이나 (−5)와 같은 수를 넣으면 이 근사식은 발산(發散·divergence)한다(계속 큰 항이 나오기 때문이다. 1+3+9+27+……처럼 무한히 계속된다면 발산한다!).

이것이 물리학에 등장하는 '무한대 해의 난제'이다. 여기서 이 무한대를 유한한 양으로 만들려면 어떻게 해야 할까? 사실 원리적으로는 해결 방법이 간단하다. '$1+x+x^2$……'(그림의 점선) 대신에 '정확한 식'인 '$1/(1-x)$'(그림의 실선)을 이용하면 되는 것이다. 이 식은 $x=1$이 아닐 때 그 의미가 있다. $x=3$의 값도 '$1/(1-3)=-1/2$'가 되어 발산하지 않는다.

즉 발산은 적용 범위가 좁게 정의된 식(점선)에서 그 적용 범위를 넘어선 x값을 대입하기 때문에 생기는 문제인 것이다. 만약 적용 범위가 넓은 식(실선)을 이용하면 아무런 문제도 생기지 않는다. 이 점선의 식을 실선의 식으로 바꾸는 '무한대의 제거'가 바로 '재규격화'인 것이다.

그러나 지금처럼 제대로 닫힌 실선의 식을 발견하기란 참 드문 일이기 때문에 실제로는 변수 변환을 통해 적당한 무한급수를 찾아야 한다. 그것이 다음에 설명할 내용이다.

흐름결합상수

양자전기역학에서는 '전하'가 '결합상수(coupling constant)'가 된다.
결합상수란 양자들이 어느 정도 세기(확률)로 상호작용하는지를 나타낸다.

흐름결합상수란 무엇인가?

지금까지 기본 전하 e는 상수라고 생각해왔다. 양자전기역학에서 e의 제곱이 약 137분의 1이라는 '실험값'을 가지는 것도 여러 번 설명했다. 그러나 전하 e는 실제로는 상수가 아니다. 실험할 상황의 에너지에 따라서 e의 값은 변한다. 즉 전하 e는 에너지에 의존하는 함수였던 것이다.

저에너지에서 전자의 전하 e의 제곱은 약 137분의 1이다. 여기서 에너지가 낮다는 것은 우리 주변에서 흔히 볼 수 있는 전선 속 전자와 같다. 그러나 대형 연구소에 있는 가속기라는 실험 장치 안에서 전자를 가속하면 그 전하 e는 서서히 값이 커진다.

이렇게 에너지에 따라서 결합상수도 변해가는 것을 '흐름결합

그림 3-18 ▪▪ 흐름결합상수를 나타내는 그래프

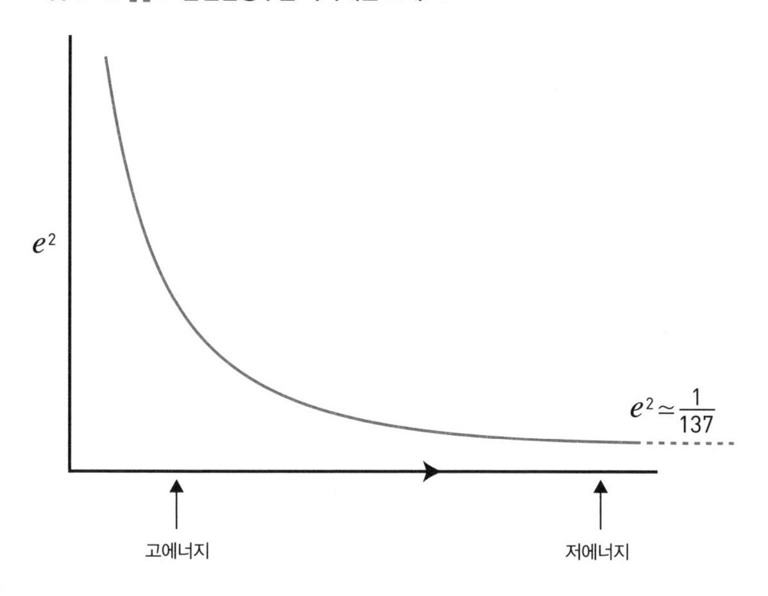

상수(running coupling constant)'라고 한다.

재규격화된 전하의 정의

어떤 에너지 μ로 실험을 했다고 하자. 모든 에너지 x에 들어맞는 식인 반응확률의 공식은 은 $x=\mu$라는 특정 에너지일 경우 그 반응확률은 다음과 같이 된다.

$$\text{반응확률 } f(x) = e^2 + e^4 g(x) + e^6 h(x) + \cdots\cdots$$

$$\text{반응확률 } f(\mu) = e^2 + e^4 g(\mu) + e^6 h(\mu) + \cdots\cdots$$

여기서 실험 결과로 $f(\mu)$의 구체적인 값이 정해진다. 또 우변의 함수 $g(\mu)$과 $h(\mu)$의 값도 정해진다. 또 단 하나의 이론 변수인 전하 e의 값도 정해진다. 좀 더 높은 에너지에서 반응확률이 $f(\mu)=0.1$로 된다면 제0 근사에서는 다음과 같이 될 것이다.

$$e^2 = 0.1$$

일반적으로 표현하면 에너지 μ의 경우에 전하 e를 e_R이라고 쓴다. 이때 아래첨자 R은 '재규격화(renormalization)'의 머리글자이다. 따라서 e_R은 **'재규격화된 전하'**란 뜻이다. 그리고 다음과 같이 된다.

$$f(\mu) = e_R^2$$

좌변은 에너지 μ에 있어서 반응확률의 실험값이다. 이것이 바로 재규격화된 전하의 정의이다.

재규격화되지 않는 전하와 알몸의 전하

(구몬은 없다. 지금까지와는 달리 이들이 있는 곳은 탐정단의 방이 아니다.)

아오이 그러면 재규격화되지 않은 전하도 있나요?

유카와 원래의

반응확률 $f(x) = e^2 + e^4 g(x) + e^6 h(x) + \cdots\cdots$

식에 있는 전하 e를 '맨몸의 전하(bare electron)'라고 합니다.

아오이 맨몸? 그러니까 '옷을 입지 않고 있다'는 뜻인가요?

유카와 그런 셈입니다.

아오이 비유인 거죠?

유카와 물론입니다. 양자론에서 진공은 아무것도 없는 공간이 아니라 언제나 '편극' 현상이 일어나고 있습니다. 레제 군, 여기 그림을 그려 보는 것은 어떨까요?

레제 이렇게 말이죠?

그림 3-19 전자의 주변은 '진공편극'으로 가득하다

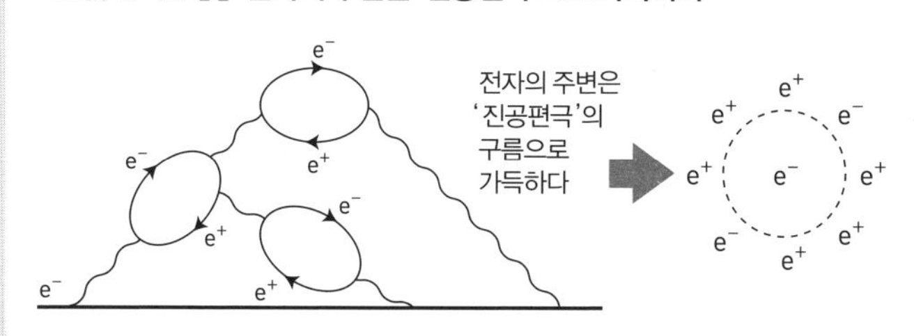

유카와 훌륭합니다! 이 진공편극이라는 이름의 '옷을 입은' 상태가 '재규격화된 전하'이고 '옷을 입지 않고' 직선으로 나타난 부분이 '맨몸의 전하'라고 생각하면 됩니다. 맨몸의 전하로 계산할 때, 제0 근사보다 정밀도가 높은 계산을 하면 무한대가 나와서 제대로 계산을 할 수가 없습니다. 그래서 재규격화된 전하를 이용하는 것입니다.

'제한'과 고차의 재규격화

재규격화의 과정에는 또 하나의 기법이 필요하다.
바로 적분의 무한대를 일시적으로 유한한 양으로 '제한'하는
방식의 계산법이다.

일시적으로 무한대를 제한하다

앞에서 나온 함수 g의 식을 다시 한 번 보자.

$$g = \alpha \int_0^{\infty} \frac{dt}{t + x}$$

이 적분을 계산하면 해가 무한대가 된다. 그것은 적분의 상한이 무한대이기 때문이다. 이것은 수학적인 문제이므로 어쩔 수가 없다. 그렇다면 일시적으로 무한대를 유한한 양으로 교체·제한하고 (맨몸의 전하를 재규격화된 전하로 바꾸고 나서) 맨 마지막에 그 유한한 양을 다시 원래의 무한대로 되돌릴 필요가 있다.

함수 g의 적분 상한을 Λ라고 적기로 하자. 사실 이것은 무한대

이지만 일시적으로 유한한 성격을 가진다.

$$g = \alpha \int_0^{\Lambda} \frac{dt}{t + x}$$

이것으로 일단 계산은 무한대를 피할 수 있게 되었다.

전하를 재규격화하려면 이렇게!

본격적으로 '재규격화'에 나서보자. 먼저 이론값의 제0 근사는 앞서 나온 것처럼 다음과 같다.

반응확률 $f(x) = e^2 + \cdots\cdots$

전하 e를 재규격화하기 위해서 어느 한 에너지 μ에서의 실험값을 대입한다.

$$f(\mu) = e_R^2$$

그러면 제0 근사 단계에서는 다음과 같이 된다.

$$e^2 = e_R^2 + \cdots\cdots$$

위에서 '……' 부분은 e_R^4의 보정 부분이다. 이것이 전하를 재규격화하는 방법의 기초이다.

고차의 재규격화

지금까지 제0 근사에서의 재규격화를 살펴보았다. 전하가 에너지에 의존한다는 내용 이상의 재미있는 점은 없었다. 또 제0 근사에서는 무한대의 적분도 볼 수 없었기 때문에 '재규격화'라는 의미도 와닿지 않는 부분이 많았다. 지금부터는 제1 근사의 재규격화를 보기로 한다.

먼저 맨몸의 전하 e^2을 다음의 식으로 전개한다.

$$e^2 = e_R^2 + \delta + \cdots\cdots$$

전개라는 것은 섭동과 같은 의미이다. 여기서 δ는 e_R^4 정도의 보정, '……'은 e_R^6 정도의 보정이다. 지금은 δ의 값을 구하는 것이 목적이다.

이를 반응확률 식에 대입하면 다음과 같다.

$$\text{반응확률 } f(x) = e^2 + e^4 g(x) + \cdots\cdots$$
$$= e_R^2 + \delta + e_R^4 g(x) + \cdots\cdots$$

여기에 재규격화의 수식을 적용하면 다음과 같다.

$$f(\mu) = e_{R}^{2}$$
$$f(\mu) = e_{R}^{2} = e_{R}^{2} + \delta + e_{R}^{4} g(\mu) + \cdots\cdots$$

그러면 다음과 같이 계산할 수 있다.

$$\delta = -e_{R}^{4} g(\mu)$$

이것을 반응확률 식에 대입시키면 다음과 같다.

반응확률 $f(x) = e_{R}^{2} + e^{4} g(x) + \cdots\cdots$
반응확률 $f(x) = e_{R}^{2} + e_{R}^{4} \{g(x) - g(\mu)\} + \cdots\cdots$

'재규격화이론'의 개요

$g(x)$도 $g(\mu)$도 제한하기(적분의 상한을 Λ으로 제한한 것) 전에는 무한대였다. 그러나 재미있는 것은 재규격화하여 계산한 후에 Λ을 무한대로 되돌려도 $\{g(x) - g(\mu)\}$은 유한하다는 사실이다. 왜냐하면 각각의 무한대 부분이 경계가 되어 둘러싸서 그 값이 유한하기 때문이다.

복잡해서 이해하기 어려웠을지 모르겠다. 여기서 다시 한 번 지금까지의 과정을 정리해보기로 한다.

(1) 반응확률을 섭동을 전개한다.
(2) 재규격화의 수식(실험값)을 준비한다.
(3) 맨몸의 전하를 재규격화한 전하로 전개한다.
(4) 무한대를 제한하여 일시적으로 유한한 Λ으로 바꾼다.
(5) 반응확률에 재규격화 수식을 대입한다.
(6) Λ을 무한대로 되돌린다.

이것이 '재규격화이론'의 개요이다. 여기서 사용하는 것은 섭동과 제한 외에 '이론식의 변수 e를 실험값 e_R로 바꾸는 것'밖에 없다. 바꿔 말하면 맨몸의 전하를 재규격화된 전하로 바꾸는 것이다. 이것은 일종의 변수 변환이다.

재규격화로 사라진 '무한대'

레제 원래 반응확률의 수식은 맨몸의 전하로 전개하는데, 이것이 제0 근사에서는 문제가 되지 않지만 고차의 근사에서는 무한대가 나타나는 문제가 발생한다. 그래서 실험으로 얻은 '옷을 입은' 전하, 즉 재규격화된 전하로 전개한다. 그랬더니 무한대가 사라졌다. 이런 내용인가요?

유카와 그렇습니다.

아오이 하지만 이렇게 한다고 해서 무슨 좋은 점이 있나요?

유카와 제0 근사에서는 $f(x) = e_R{}^2 + \cdots\cdots$라고 되어 있습니다. 이것은 $x=\mu$인 에너지일 경우의 값으로서 상수입니다. 다른 에너지일 경우의 실험값과는 잘 맞지 않는데, 이는 x에 관한 의존성이 없기 때문입니다. 당연한 결과이지만 이 단계에서는 아무런 장점도 없습니다. 하지만 좀 더 정밀도를 높이면 다음과 같은 형태로 x와 μ에 의존하는 보정식이 됩니다.

$$f(x) = e_R{}^2 + e_R{}^4\{g(x) - g(\mu)\} + \cdots\cdots$$

이 함수의 값은 유한하여 계산할 수 있는 양이므로 모든 에너지 x에 적용할 수 있는 편리한 식입니다. 예측을 제대로 할 수 있습니다.

아오이 특정 에너지 μ로 무한대를 '재규격화'하는 작업을 통해 실용적인 이론식을 만들고, 또 이 식을 사용하여 다른 에너지의 반응확률도 예측할 수 있게 되었다는 뜻인가요?

유카와 네. 바로 그렇습니다.

머릿속에 쏙쏙! 양자론 개념 총정리

끝으로 남아 있는 이야기들을 간략히 소개하면서
이 책 전반에 걸쳐 나오는 양자론의 개념을 총정리하기로 한다.

실재론자와 실증론자의 논쟁

양자론의 역사를 돌이켜보면 실재론과 실증론이 두 입장으로 나뉘어 논쟁을 해왔다고 해도 과언이 아니다. 원래부터 실재론과 실증론은 세계를 바라보는 입장이 완전히 달랐다. 아인슈타인이나 슈뢰딩거와 같은 '실재론자'는 어디까지나 세계가 물질로 이루어져 있고 그 물질을 기술하는 것이 방정식이라는 입장이다. 그래서 그 방정식의 기호가 무엇을 가리키는지에 매달린다.

한편 하이젠베르크나 보어나 보른과 같은 '실증론자'는 그런 것들은 상관없다고 딱 잘라 말한다. 물질이라는 존재에 얽매일 필요가 없으며 최종적인 계산이 측정값과 일치한다면 그것으로 모든 것이 충분하다는 것이다. 즉 '실증'할 수 있으면 그만이고 '실재'의 대응 관계는 아무런 의미가 없다는 것이다. 이 두 입장은 아주 큰 차이를 보인다. 이러한 사고의 차이는 간단히 좁힐 수 있는 문제가 아니다.

그렇다면 방정식으로 나온 결과(숫자)에 관해서도 서로 다른 해석이 뒤따랐을 것이다. 뉴턴의 고전역학적 세계에서는 어느 입자에 관한 운동방정식이 주어지면 그 입자가 100초 후에 어디에 위치해 있고 어느 정도의 속도로 움직이고 있는지 완전히 계산·예측할 수 있다(이것이 결정론이다). 아인슈타인과 슈뢰딩거는 이것을 추구했다. 그리고 양자론이 완성되면 이러한 결정론적인 이론이 만들어질 것이라 믿었다.

그러나 하이젠베르크나 보어나 보른과 같은 사람들은 "그런 일은 불가능하다. 양자론은 확률적인 예측밖에 할 수 없다"고 주장했다. 양자론은 확률적인 예측밖에 하지 못하기 때문에 100초 후 입자의 위치에 관해서는 100가지의 가능성이 있을 수 있으며 그중 어느 하나가 맞을 것이라는 식이다. 다만 확률적으로 계산이 가능하기 때문에 입자가 모든 곳에 존재할 확률은 50퍼센트 정도이고 아주 먼 곳에 있을 확률은 1퍼센트 정도라는 식의 예측은 할 수 있다는 것이다. 그리고 이러한 확률적인 예측은 어쩔 수 없는 한계라고 생각했다.

요컨대 실재론자들은 물질이 존재하는 이상 그것을 제대로 기술할 수 있는 완전한 물리 이론이 있을 것이라는 확고한 신념이 있었다. 반면 실증론자들은 '결정론을 포기했다'고나 할까? 그들은 확률적인 예측에 만족해야 하며 그것이 한계라는 신념이 있었다.

슈뢰딩거에 의한 이의 제기

이런 논쟁 속에 실재론자인 슈뢰딩거는 실증론자의 주장에 대한 반론으로 그 유명한 사고실험 '슈뢰딩거의 고양이'를 생각해냈다. 만약 확률적인 해석이 옳다면 그것은 우주 전체에 적용할 수 있어야 하고, 한 마리의 '고양이'에게도 적용될 수 있어야 한다고 주장했다. 고양이가 살아 있을 확률이 50퍼센트이고 동시에 죽었을 확률이 50퍼센트! 이런 일이 정말 가능할까?

그러나 양자론의 실증론적 해석으로는 살아 있는 상태와 죽어 있는 상태가 동시에 존재(중첩)할 수 있다. 정말 말도 안 되는 이야기로 느껴진다. 왜냐하면 우리는 틀림없이 실재론의 세계에 살고 있기 때문이다. 그래서 '살아 있는 상태와 죽어 있는 상태가 각각 50퍼센트의 확률로 동시에 존재한다'는 상황은 있을 수 없다고 믿는다. 그리고 이것은 아주 건전한 상식이다.

슈뢰딩거방정식에서 봄의 양자 퍼텐셜로

이 두 입장이 서로 다투는 도중에 알랭 아스페의 결정적인 실험을 계기로 대부분의 물리학자들은 실증론으로 돌아섰다. 오랫동안 계속된 논쟁은 존 벨이 발견한 정리로 일단 종지부를 찍게 되었다. 실증론이 옳은지 아니면 실재론이 옳은지를 실험으로 확인할 수 있는 방법을 생각해낸 것이다. 그리고 아스페의 실험으로 실증론이 옳다고 결론을 내렸다.

물질이 존재하고 그 위치나 운동량이 확정되어 있다면 결정론적으로 모든 것이 계산·예측이 가능하다는 실재론적 해석을 기반으로 한 이론은 절대로 만들 수 없다는 사실을 실험으로 입증한 것이다.

벨의 정리는 간단히 말하면 다음과 같다. 일반적인 실재론의 생각을 전제로 계산해 나가면 하나의 '부등식'을 만들 수 있다. 그 부등식이 성립한다면 실재론적 해석이 가능하다. 그러나 실제로 실험을 해보자 그 부등식은 성립하지 않았다. 성립하지 않았다는 것은 다시 말하면 '전제가 잘못되었음'을 뜻했다. 이렇게 해서 실재론은 부정된다.

봄 학파 양자론의 의미

일단은 실증론이 승리했지만 여기에 반기를 들고 혜성처럼 등장한 사람이 '이단'의 물리학자 데이비드 봄이다(역사적으로는 봄이 벨이나 아스페보다 앞선다). 봄은 실재론자이다. 그는 실재론적인 입장에서 모든 것을 해내려고 생각했다. 그가 생각한 것은 엄청난 전략이었다. 양자역학 그 자체, 방정식 그 자체는 어느 한 부분도 바꾸지 않았다. 방정식은 그대로 인용하지만 그것을 마지막까지 실재론적 입장에서 해석하려고 했다. 봄이 한 일은 '양자역학의 방정식은 그대로 두고 그 해석을 바꾸려고 시도했다'고 볼 수 있다.

봄은 먼저 양자역학의 방정식을 '파'와 '입자'의 두 부분으로 나눈다. 이것은 변수분리라는 방법으로 간단하게 할 수 있다. 지금까지의 실증론적 해석에서 양자는 '파의 성질과 입자의 성질을 동시에 지니는 있는 존재'라는 애매한 설명으로 묘사되었다. 하지만 봄은 그것을 완전히 분리해 버린다. 이는 모든 공간에 존재하는 파 위에 입자가 있으며 그 입자가 마치 파도타기 하듯이 앞으로 나아가는 이미지라고 할 수 있다. 이렇게 양자의 세계를 두 부분으로 나누는 방법을 통해 양자론을 더 쉽게 이해할 수 있게 되었다.

봄 학파의 양자론은 비국소적이다

봄의 방법은 지극히 실재론적인 해석이지만 아인슈타인이나 슈뢰딩거가 추구하던 방향과 한 가지 다른 점이 있다. 그것은 파가 **'비국소적인 성질'**을 띤다고 생각했던 점이다. 뉴턴역학에서는 한 입자의 운동을 결정하기 위해서 필요한 정보는 그 한 점의 정보만으로 충분하다. 또는 약간 떨어진 주위만을 국소적으로 관찰하면 입자의 움직임을 전부 예측할 수 있다. 이것이 국소적 이론이다.

이에 반해 비국소적인 이론은 정보가 전체에 퍼져 있다고 본다. 전체에 퍼져 있기 때문에 전체를 보지 않으면 어느 한 부분도 예측할 수 없다. 이와 비슷한 것으로 '네트워크 이론'이 있다. 네트워크 정보가 어디에 있느냐고 물어도 네트워크 자체는 '연결'되어 있기 때문에 뭐라고 답변할 수가 없다. 인터넷을 보더라도 정보는 모든 것이 연결된 그 안에 있다. 어느 한 점의 정보로 전체를 예측하는 일은 불가능하다. 전체를 보지 않으면 예측이 불가능하다는 의미에서 비국소적인 성질을 가진다.

양자역학은 원래 비국소적 성질을 띤 이론이다. 그리고 봄의 훌륭한 점은 그 비국소적인 부분을 모두 파의 해석에 포함시켰다는 점이다. 입자는 어디까지나 국소적인 존재이다. 입자는 '점'상에 존재하므로 말할 필요도 없이 국소적이다. 그리고 입자는 입자로 다시 분리된다. 하지만 봄은 그러한 입자라도 비국소적으로 공간 전체에 퍼져 있는 복잡하고도 괴이한 움직임을 보이는 파 위에 있기 때문에 그 영향을 받을 수밖에 없다는 해석을 시도한 것이다.

봄의 실재론적 해석은 뉴턴역학의 해석과는 조금 다르지만 실재론을 기반으로 한다. 그렇다고 해서 벨의 정리나 부등식으로 배제될 수 있는 해석 또한 아니다. 아마 그 중간 정도라고나 할까? 봄의 이러한 해석은 현대 철학적 관점에서도 좋은 연구 거리가 될 것이다.

파인먼의 '재규격화'

그리고 마지막에 나온 것이 파인먼의 '재규격화' 방법이다. 결국 양자역학이 안고 있던 문제(나아가 물리학 전체가 안고 있던 '난공불락'의 문제) 중 가장 큰 문제는 '계산 결과가 무한대가 된다'는 것이었다. 이것을 어떻게 해결하느냐는 매우 큰 문제였는데 양자론 이전의 과학자들은 장래의 물리학(양자론, 양자역학)이 해결해줄 것이라 믿고 있었다.

그러나 전자기학을 양자역학적으로 다루어도 역시 해가 무한대가 나오고 말았다. 그 후 서너 명의 물리학자가 거의 동시에 '재규격화' 방식을 발견하였다. 그들은 '무한대를 유한한 양으로 재규격화한다'는 아주 재미있는 방법을 이용하여 이 '난공불락'의 문제를 해결하였다. 이 재규격화는 아직까지도 무한대 해의 문제를 해결하는 방법으로 가장 많이 사용된다.

'초끈'에 이르는 길

그러나 파인먼의 재규격화로도 해결하지 못하는 문제가 있다. 그것이 바로 양자중력이다. 양자중력이론(quantum gravity theory)에서는 '재규격화'를 사용할 수 없다는 것이 판명되었다. 이것은 상당히 충격적이었다. 자연계에 존재하는 네 가지 힘 전부를 통일적으로, 그리고 양자적으로 다루어 나가면서 무한대 문제는 재규격화하면 해결되리라고 생각하던 터에 '중력'에 관해서는 뜻밖에도 그 방법을 사용할 수 없다는 내용이 증명된 것이었다.

대체 왜 그럴까? 무한대 해가 나오는 궁극적인 이유는 두 입자간의 거리가 0이 되기 때문이다. 그렇다면 처음부터 입자 자체에 퍼져 나갈 수 있는 무엇인가를 고안하여 입자들 간의 거리가 완전히 0이 되는 일이 없도록 하면 되지 않을까?

이 생각에서 발전한 것이 '초끈이론(superstring theory)'이다. '초끈이론'이란 입자를 점으로 생각하지 않고 '길이'를 가진 끈으로 설정하여 퍼져 나갈 수 있게 했다. 점을 끈으로 승격한 것이다. 그럴 경우 '길이'를 가지고 있기 때문에 크기가 완전히 0이 되지 않는다. 이러한 방법으로 무한대 해의 문제를 회피하려고 한 것이 초끈이론이다. 그래서 현재 양자중력이론의 유력한 후보로 떠오르고 있다.

'관측문제'에 관해서

양자역학에서는 소립자의 위치와 운동량을 동시에 정확하게 결정할 수 없다. 게다가 소립자의 위치라는 개념조차도 불분명하다. 양자역학에서는 소립자는 입자이기도 하고 파이기도 하다. 실증론적 학파의 코펜하겐 해석에서는 이러한 입자와 파의 성질을 '상보성(complementarity)'이라고 한다. 어느 때는 입자, 어느 때는 파라는 이야기다. 이 성질은 서로 보완하면서 존재하는데 이 상황을 '파 또는 입자(wave or particle)'라고 표현한다. 상보성은 보어를 비롯한 정통파의 해석에서 가장 중요한 키워드이다.

한편 봄 학파의 실재론적 해석에서는 같은 내용을 단순하고도 직관적으로 설명한다. 이 해석에 따르면 소립자는 입자이고 그 위치도 실재한다. 그리고 양자의 파는 입자와 따로 존재한다. 세계는 양자의 파로 채워져 있으며 그 파에 이끌려 입자는 마치 서핑을 하는 것처럼 움직인다는 것이다. 파가 입자를 어디로 끌고 가는지는 확률로밖에 예측할 수 없지만 입자의 위치는 확실한 개념이 정립되어 있다. 이 상황을 '파와 입자(wave and particle)'라고 표현한다. 봄 학파의 양자역학에서는 '양자 퍼텐셜'이 등장하여 세계를 시각화할 수 있다.

그러나 어떤 입장을 취하든 양자역학은 '관측문제'라는 큰 과제를 공통적으로 안고 있다. 관측문제란 한마디로 말하면 '확률적인 상태가 확정되는 것은 언제부터인가'에 있다. 전자가 지금 어디에 있는지는 확률로밖에 예측할 수 없다. 그러나 실제로 검출기에 전자가 걸려들었을 때 그 전자는 100퍼센트의 확률로 검출기에 있다는 것이다. 이 미확정에서 확정으로의 이행을 '파속의 수축(collapse of wave packet)' 또는 '파동함수의 붕괴(collapse of wave function)'라고 한다.

너무 당연해서 아무런 문제도 아닌 것처럼 여겨지지만 사실 양자역학에는 이 미확정 상태에서 확정 상태로의 이행을 기술하는 확실한 규칙이 없다. 그래서 미국의 수학자 폰 노이만•의 말처럼 "인간의 의식이 관측한 순간에 파속이 수축한다"라는 놀라운 견해가 나오기도 한 것이다.

• **폰 노이만**
(Johann Ludwig von Neumann, 1903~57)
헝가리 출신의 미국 수학자. 힐베르트 공간의 이론을 발전시켜 양자역학의 수학적 기초를 세웠다. 그 밖에도 게임이론, 오토마톤이론 등을 연구하였다.

이 관측문제에 대해서는 유감스럽게도 기술적인 준비가 상당히 많이 필요하여 아직은 그 본질을 해설하는 것이 불가능하다. 지금까지 제안된 해결 방법을 세 가지 정도 제시하는 것으로 양해를 구하고자 한다.

① 마치다·나미키의 이론에서는 극소 양자가 극대 검출기와 상호작용하는 모습을 양자역학을 이용하여 계산해 보여 실제로 파속이 수축하는 근거를 제시하고 있다. 여기서는 일반적인 파동함수에 의한 정식화가 아닌 밀도행렬(density matrix)에 의한 정식화가 필수다. 수학적으로는 초선택규칙(superselection rule)이라 불린다.

② 봄 학파의 양자론에서는 원래부터 입자의 위치가 실재하기 때문에 파속의 수축 자체가 아예 존재하지 않는다. 따라서 문제가 될 수도 없다.

③ 여러 가지 가능성이 있다는 것은 곧 여러 가지로 가능한 세계가 있다는 것이다. 그리고 그 가능성 가운데서 한 가지가 확정된다는 것은 다세계(many worlds) 중 한 세계가 실현되어 우리가 그 안에 살고 있음을 뜻한다.

에필로그

구몬 아, 다들 어디 갔던 거야?

유카와 서서히 정리해야 할 때가 된 것 같습니다.

아오이 구몬, 이야기가 좀 복잡해서 너는 정신 바짝 차리고 들어야 할 거야.

구몬 흥, 네가 무슨 상관이야? 항상 정신 바짝 차리고 있는데.

레제 먼저, 엘빈 말인데 역시 슈뢰딩거가 키운 고양이였어.

구몬 뭐, 뭐라고? 너 제 정신이야? 아무리 봐도 엘빈이 80세로는 안 보이던데. 슈뢰딩거는 옛날 사람이잖아.

레제 아, 미안. 내 말은 슈뢰딩거가 기르던 고양이의 혈통을 이어받았다는 거지.

구몬 무슨 족보라도 있는 거야? 유카와 선생님 지붕에서 떨어진 것 아니었어? 족보를 목에 걸고 다니는 것도 아니고.

레제 엘빈이 직접 가지고 왔어.

구몬 야, 너 이 엘빈이 생선 훔치는 것 봤지? 그 족보라는 것도 어디서 훔쳐온 것일지 몰라.

레제 그럴지도 모르지.

구몬 뭐야! 전혀 정리가 안 되고 있잖아.

아오이 그러면 우리가 너만 두고 전부 사라진 이유는?

구몬 모르니까 묻고 있잖아.

레제 이 책에서 몇 번 아오이가 외부 세계와 내부 세계에 대해서 말했지?

구몬 귀에 못이 박힐 만큼 들었지.

레제 자, 그럼 말해봐. 양자론의 외부 세계와 내부 세계가 뭔지.

구몬 으음. 내부 세계는 허구적인 복소수(허수)의 세계로 확률적이고 중첩이 가능하고 벽을 터널처럼 통과한다. 외부 세계는 사실적이고 실수의 세계로서 결정적이고…… 아!

아오이 이제 눈치챈 거야?

구몬 서… 설마?

유카와 그래. 바로 그 설마야.

엘빈 이제야 알았단 말이야? 이런 바보!

구몬 뭐, 뭐야. 엘빈이 말을 하다니. 나를 감쪽같이 속였구나. 그러니까 이 책에서 본 세계가 내부 세계이고 이것을 읽고 있는 독자가 있는 세계가 외부의 사실 세계란 말이지? 우리들은 허구의 내부 세계에 살고 있기 때문에 갑자기 사라져도 엘빈이 말을 해도 전혀 문제될 것이 없다 이런 말이지?

유카와 그렇습니다. 전에도 한번 해본 적이 있는데, 그러니까 이 책 그 자체가 양자론의 구조를 반영한다고 할 수 있습니다.

구몬 그렇다면 이 책에서 내가 가장 머리가 좋고 똑똑한 이미지로 바뀐다고 해도 전혀 문제가 없다는 말이네.

아오이 그건 좀 어렵겠는데.

레제 확률이 낮아.

유카와 안됐습니다.

엘빈 절대 불가능하지.

구몬 뭐야? 왜?

유카와 양자론에 법칙이 있듯이 책 속에도 법칙이 있습니다.

구몬 법칙?

유카와 책의 저자는 책이 팔리도록 열심히 인물의 성격을 설정하고 거기에 맞게 허구의 세계를 구축합니다. 그래서 뭐든 가능한 것은 아닙니다. 구몬은 모두의 어려움을 등에 업고 악역을 맡을 수밖에 없는 운명으로 정해졌습니다.

구몬 저자가 정했다고요?

유카와, 아오이, 레제, 엘빈 그래!

구몬 그럼, 저자가 누구죠?

유카와 다케우치 가오루.

구몬 흥! 법칙이 뭔지는 모르겠지만 마지막이 돼서야 이 모든 것을 깨닫게 하다니 얄미운 사람!!

파이먼다이어그램 보는 법

소립자 목록

자연계에 존재하는 네 가지의 힘

양자론을 더 깊이 알고 싶은 이들을 위한 엄선 도서

찾아보기

파인먼다이어그램 보는 법

파인먼다이어그램을 보는 방법에 대해 좀 더 자세히 공부해보기로 한다. 이것은 파인먼다이어그램의 그림을 많이 보면서 '해석해 나가는 것'밖에 달리 방법이 없다.

처음 예는 **그림 1**부터 **그림 3**이다. 이 세 그림은 같은 토폴로지(topology)를 가지고 있다. 토폴로지(위상)란 간단히 말하면 선들 사이의 연결법이다. 파인먼다이어그램의 '교차점'에서 나가는 선이 자유롭게 꺾이거나 구부러질 수 있다고 생각하면 이 세 그림은 서로 조금씩 움직여주어야 변환이 가능하다. 그림을 이해하기에 앞서 참고로 말하면 그림에서 화살표가 시간이 흐르면서 위쪽으로 표시된 것은 전자의 경로이고 반대로 아래쪽으로 표시된 것은 양전자의 경로이다. 그리고 물결선은 광자의 경로를 뜻한다.

그림 1은 시간에 따라 현상을 관찰한 것이다. 처음에는 전자만 있고 그 전자가 광자를 방출하고 경로를 변경한다. 시간이 약간 흐른 후 그 광자에서 전자와 양전자가 쌍생성된다.

그림 2는 **그림 1**의 가장 왼쪽에 있는 전자의 경로를 과거(아래)로 꺾고 중앙에 있는 광자의 생성과 소멸의 순서를 거꾸로 한 것이다. 이 두 그림은 관측하는 사람(또는 관측 장치)에 따라서는 완전히 다른 현상이지만 파인먼다이어그램의 '필요조건'과 '연결 방법'은 똑같다. 이는 곧 반응확률의 계산 결과도 똑같다는 의미이다.

사실 이렇게 시간과 공간의 '좌표'가 주어지고 그 안에 파인먼다이어그램을 그리는 것은 설명상의 편의를 위한 것일 뿐이다. 물리학자들이 계산을 할 때는 이러한 시간과 공간상에서가 아니라

그림 1

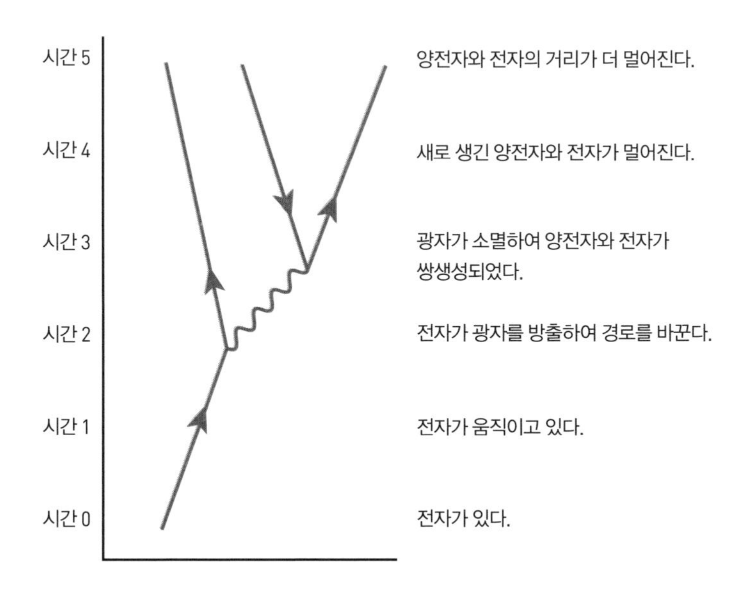

그림 2 ∷

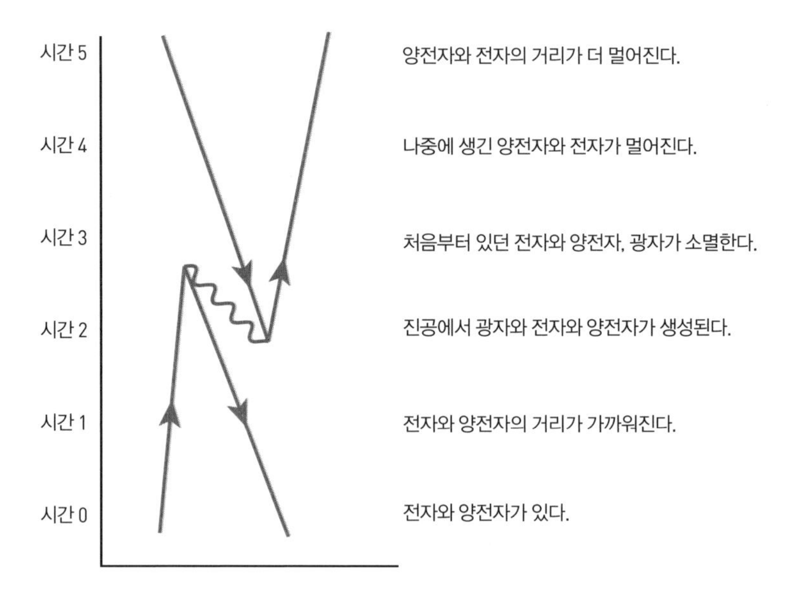

(좀 어렵지만) 운동량의 공간에서 계산한다. 즉 과거와 미래가 시공도에서 오른쪽과 왼쪽의 '장소'에 올 수 있는 모든 가능성에 대해서 한꺼번에 계산한다. 결국 중요한 것은 파인먼다이어그램의 토폴로지인 것이다. 시공간상의 '해석'은 그 다음의 문제라고 할 수 있다.

그림 1부터 **그림 3**은 같은 토폴로지를 가지고 있기 때문에 이들이 상호작용을 일으킬 확률은 모두 같다고 할 수 있다.

그림 4는 지금까지와는 조금 다르다. **그림 1**부터 **그림 3**에는 없었던 '주름진 반고리'가 붙어 있다. 왼쪽 위에 있는 광자의 경로 부분이다. 이것은 양전자가 광자를 방출하고 흡수하는 모습을 표현한 것으로 양전자의 '자체에너지(self-energy)'라고 한다.

그림 3 ∷

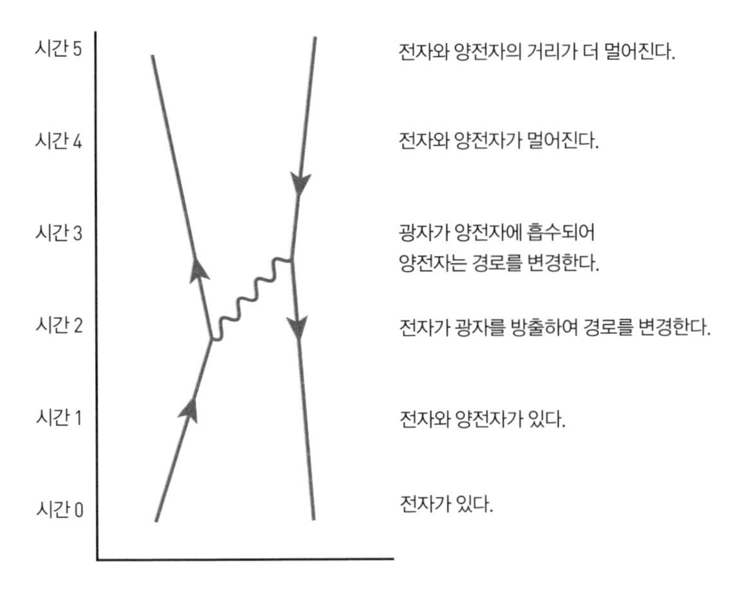
시간 5
시간 4
시간 3
시간 2
시간 1
시간 0
전자와 양전자의 거리가 더 멀어진다.
전자와 양전자가 멀어진다.
광자가 양전자에 흡수되어
양전자는 경로를 변경한다.
전자가 광자를 방출하여 경로를 변경한다.
전자와 양전자가 있다.
전자가 있다.

그림 4 ∷

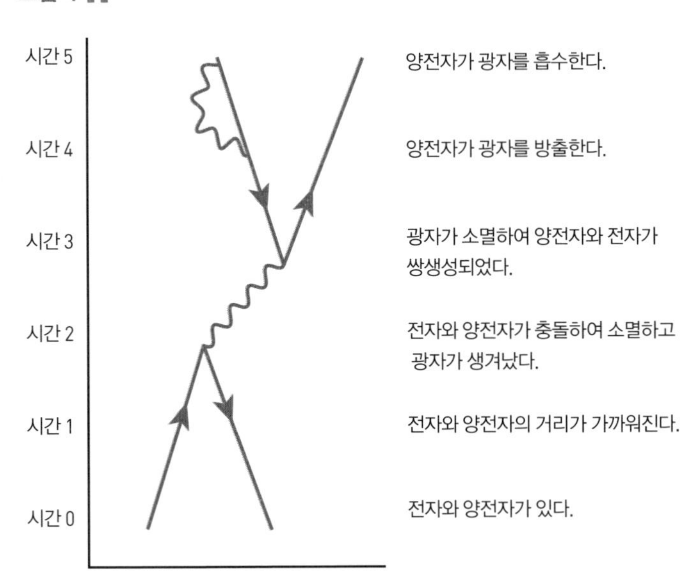
시간 5
시간 4
시간 3
시간 2
시간 1
시간 0
양전자가 광자를 흡수한다.
양전자가 광자를 방출한다.
광자가 소멸하여 양전자와 전자가
쌍생성되었다.
전자와 양전자가 충돌하여 소멸하고
광자가 생겨났다.
전자와 양전자의 거리가 가까워진다.
전자와 양전자가 있다.

그러면 대략적인 계산이겠지만 파인먼다이어그램의 반응확률을 계산하는 방법을 소개하기로 한다. 교차점마다 (1/137)이라는 숫자를 부여하고 파인먼다이어그램에 나오는 숫자를 전부 곱하면 된다. 예컨대 **그림 5**에서 보는 것처럼 교차점이 2개일 경우 이 현상이 일어날 확률은 1/137의 제곱이라는 것이다.

그림 6은 물결선으로 표시된 광자끼리 상호작용하는 파인먼다이어그램이다. 왼쪽 그림에는 ×가 되어 있다. 왜냐하면 광자끼리 직접 상호작용하는 과정은 자연계에 존재하지 않기 때문이다. 파인먼다이어그램을 그리는 법으로 설명하면, 광자끼리 직접 부딪치는 '교차점'은 처음부터 존재하지 않는다. 광자끼리는 그 사이에

그림 5

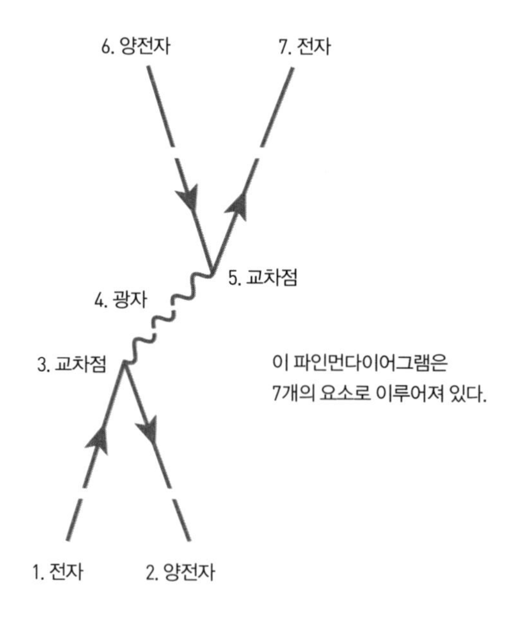

그림 6

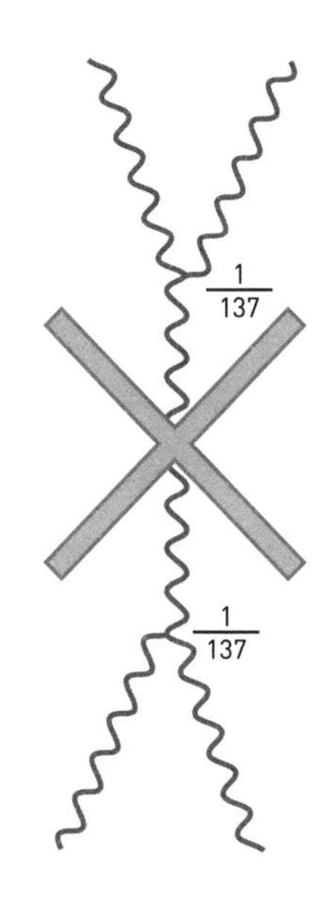

이 반응확률 $\left(\frac{1}{137}\right)^2$ 의 그래프는 없다.

(광자 3개의 교차점이 존재하지 않기 때문이다)

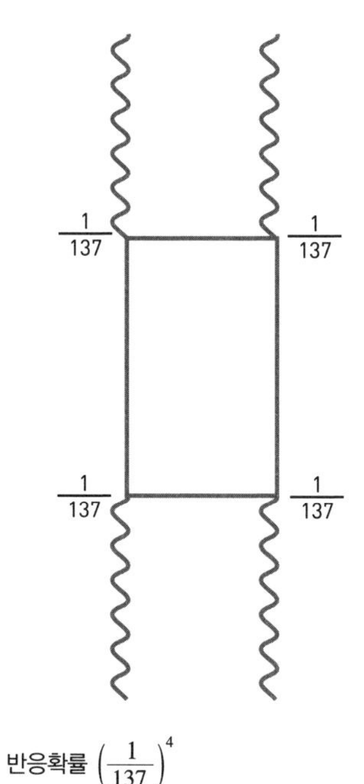

반응확률 $\left(\frac{1}{137}\right)^4$

광자끼리는 서로 상호작용을 하지 않기 때문에 광자가 물체 표면에서 우리 눈까지 그대로 정보를 전달한다(물체가 보이는 이유).

전자가 있어야만 **그림 6**의 오른쪽에서 보는 것처럼 상호작용을 일으킬 수 있다. 따라서 광자끼리 상호작용을 일으킬 확률은(교차점의 수를 세어) 1/137의 4제곱이 된다. 이는 전자끼리 상호작용을 일으킬 확률에 비하면 1만 분의 1 이하이다.

다음으로는 양자전기역학을 초월하는 다른 두 가지 힘까지 포함한 파인먼다이어그램을 보기로 한다. 다른 두 가지 힘이란 약한 상호작용(약력)과 강한 상호작용(강력)을 말한다. (아쉽게도 또 다른 힘인 중력의 양자론은 파인먼다이어그램으로 다룰 수 없음이 증명되었다.)

그림 7은 약한 상호작용(약력)과 강한 상호작용(강력) 각각의 교차점을 나타낸 것이다. 약력은 W, Z 보손과 같은 위크보손(weakboson)에 의해 전해진다. 강력은 글루온(gluon)에 의해 전해진다.

그림 8은 1개의 업쿼크(u)와 2개의 다운쿼크(d)로 구성된 중성자(udd)가 약력을 매개하는 위크보손인 W^-을 방출하고 양성자(udu)와 전자(e^-)와 전자반뉴트리노(electron antineutrino, $\overline{\nu}_e$)가 되는 과정을 나타낸 것이다.

중성자는 업쿼크(u), 다운쿼크(d), 다운쿼크(d), 즉 3개의 쿼크로 이루어진 입자이다. 그중 1개의 다운쿼크(d)가 교차점에서 위

그림 7

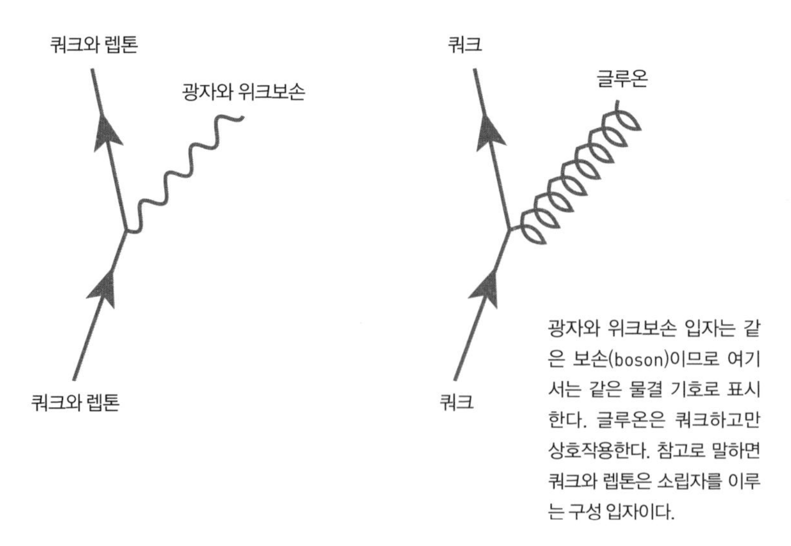

광자와 위크보손 입자는 같은 보손(boson)이므로 여기서는 같은 물결 기호로 표시한다. 글루온은 쿼크하고만 상호작용한다. 참고로 말하면 쿼크와 렙톤은 소립자를 이루는 구성 입자이다.

그림 8

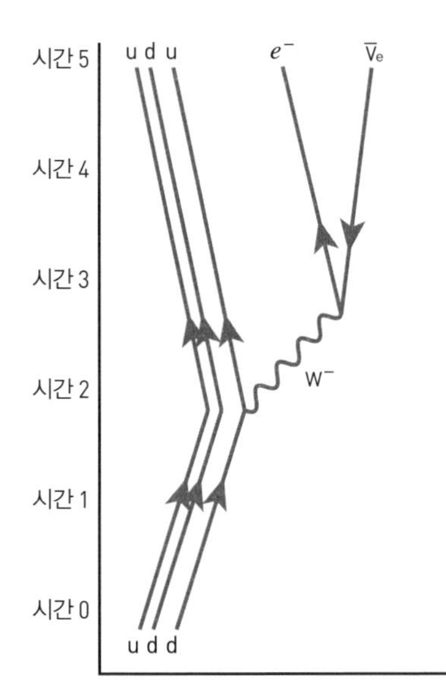

왼쪽은 양성자(udu), 오른쪽은 전자(e^-)와 전자반뉴트리노($\overline{\nu}_e$)

왼쪽은 양성자(udu), 오른쪽은 전자(e^-)와 전자반뉴트리노($\overline{\nu}_e$)

W^-가 소멸하여 전자(e^-)와 전자반뉴트리노($\overline{\nu}_e$)가 생성된다

다운쿼크(d) 1개가 위크보존인 W^-를 방출하여 1개의 업쿼크(u)로 바뀐다.

3개의 쿼크로 이루어진 중성자(udd)가 있다.

3개의 쿼크로 이루어진 중성자(udd)가 있다.

크보손인 W^-을 방출하고 1개의 업쿼크(u)로 바뀌는 것이다. 이처럼 원자핵이 개재하는 반응도 자세히 분석하면 파인먼다이어그램으로 나타낼 수가 있다.

그림 9는 약력과 강력이 관여하는 '교차점'이다. 설명에서 '광자나 Z나 W'라고 되어 있는 이유는 약력을 매개하는 위크보손(+, − 전하를 가진 W와 전기적 중성인 Z)이 전자기력을 매개하는 광자와 함께 '전자기약력이론(electroweak unification theory)'으로 '통일'되어 기술되기 때문이다. 이 이론의 정립에 공헌한 세 사람의 이름을 따 글래쇼·와인버그·살람 이론(Glashow–Weinberg–Salam theory, GWS–theory)이라고도 한다. 전자기력과 약력은 공통적인 틀 안에서 다룰 수 있다(여기에 강력을 통일한 이론은 아직 완성되지

그림 9

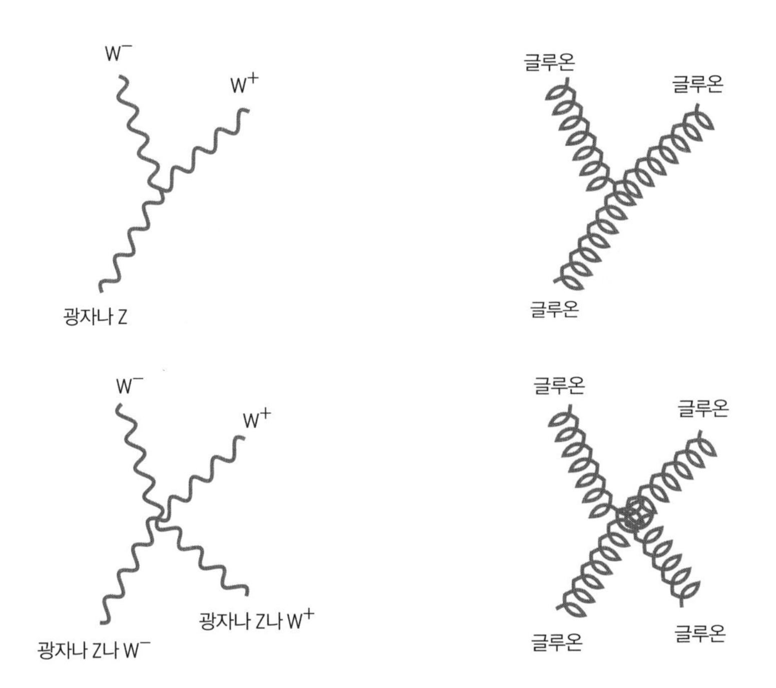

광자들은 서로 상호작용을 하지 않지만 위크보손끼리 또는 글루온끼리는 서로 상호작용을 한다.

못했다).

이 교차점을 보고 알 수 있는 사실은 광자 사이에 상호작용이 없었던 양자전기역학과는 달리 위크보손끼리나 글루온끼리는 직접 상호작용을 한다는 것이다. 약력과 강력이 전자기력과 구분되는 차이점이다.

광자가 직접 상호작용을 하지 않는 것은 물체에서 반사된 광자가 사람의 망막에 도달할 때까지 다른 광자는 상호작용을 하지 않음을 뜻한다. 따라서 사람의 망막에 물체 표면의 정보가 그대로 전해진다. 광자들이 서로 직접 상호작용을 하지 않기 때문에 우리가 물체를 볼 수 있다고 해도 과언이 아니다.

그림 10은 쿼크와 글루온이 상호작용을 하는 예이다.

그림 11은 앞서 그림 8에서 중성자(udd)가 위크보손(W^-)을 방출하고 양성자(udu)와 전자(e^-), 그리고 전자반뉴트리노($\bar{\nu}_e$)가 생성되는 모습을 자세히 그린 것이다. **그림 8**에서는 없었던 글루온이 이 그림에서는 등장한다. 글루온은 쿼크끼리 서로 달라붙을 수 있도록 작용한다.

그림 12는 개략적인 파인먼다이어그램이다. 두 양성자가 중간자(meson)를 매개로 상호작용을 하고 있다. 중간자는 아원자 입자로서 쿼크와 반쿼크로 이루어져 있다.

그림 10

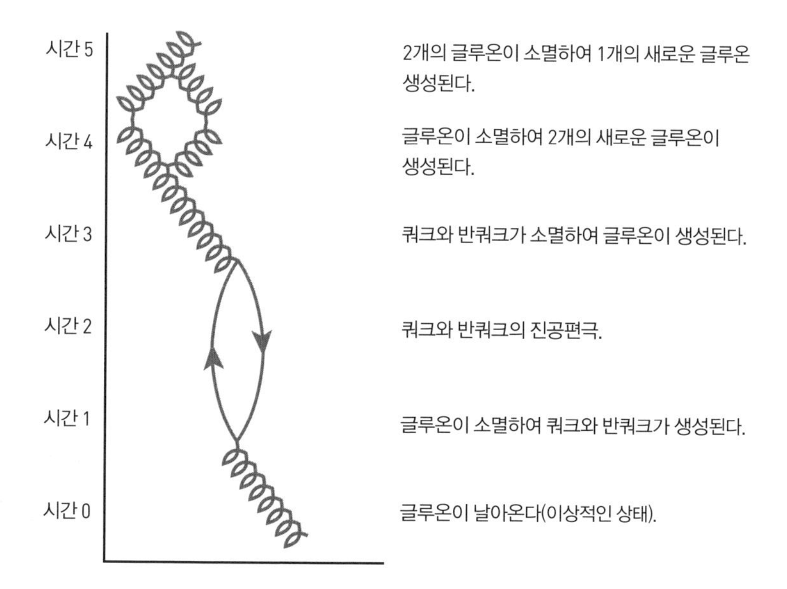

그림 11 ∷

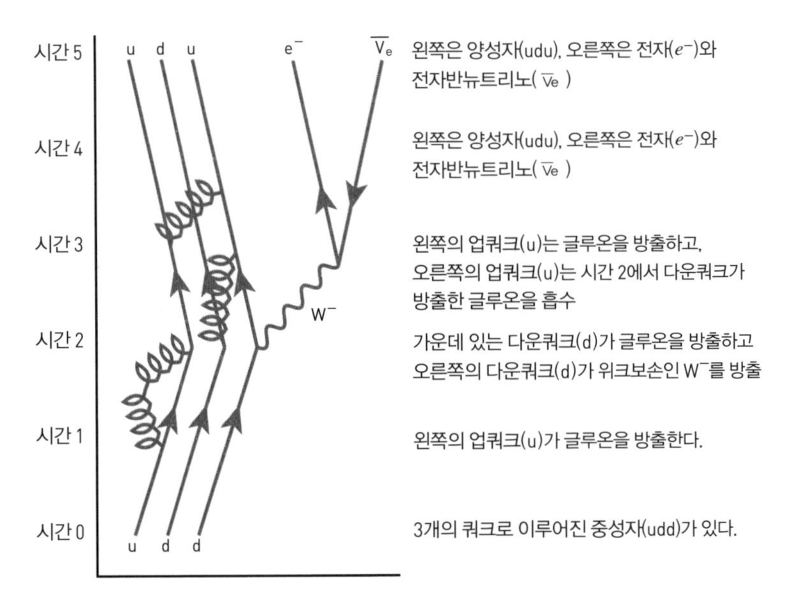

시간 5
시간 4
시간 3
시간 2
시간 1
시간 0
u d u
e⁻
$\overline{\nu}_e$
W⁻
u d d
왼쪽은 양성자(udu), 오른쪽은 전자(e^-)와 전자반뉴트리노($\overline{\nu}_e$)
왼쪽은 양성자(udu), 오른쪽은 전자(e^-)와 전자반뉴트리노($\overline{\nu}_e$)
왼쪽의 업쿼크(u)는 글루온을 방출하고, 오른쪽의 업쿼크(u)는 시간 2에서 다운쿼크가 방출한 글루온을 흡수
가운데 있는 다운쿼크(d)가 글루온을 방출하고 오른쪽의 다운쿼크(d)가 위크보손인 W⁻를 방출
왼쪽의 업쿼크(u)가 글루온을 방출한다.
3개의 쿼크로 이루어진 중성자(udd)가 있다.

그림 12 ∷

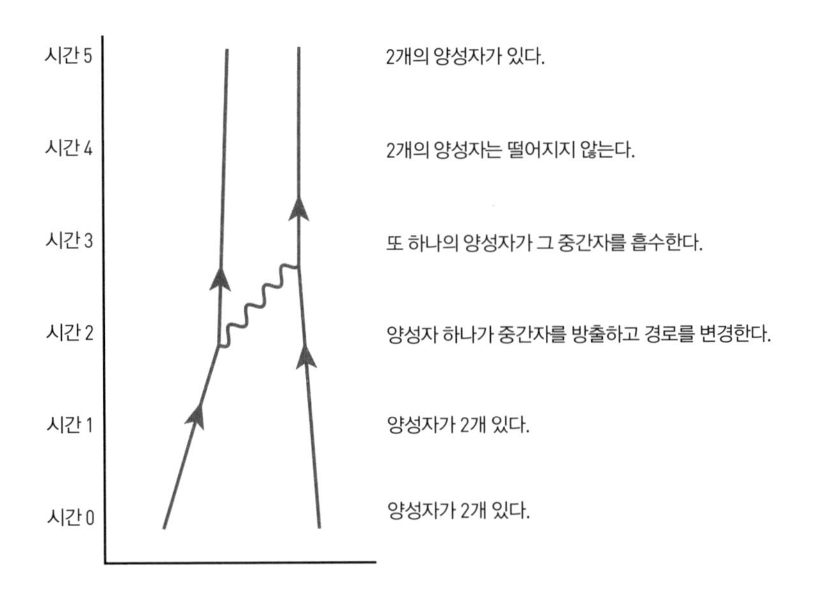

시간 5
시간 4
시간 3
시간 2
시간 1
시간 0
2개의 양성자가 있다.
2개의 양성자는 떨어지지 않는다.
또 하나의 양성자가 그 중간자를 흡수한다.
양성자 하나가 중간자를 방출하고 경로를 변경한다.
양성자가 2개 있다.
양성자가 2개 있다.

마지막으로 **그림 13**은 양성자와 중간자가 상호작용하는 '내막'을 자세하게 그린 파인먼다이어그램이다.

그림 13

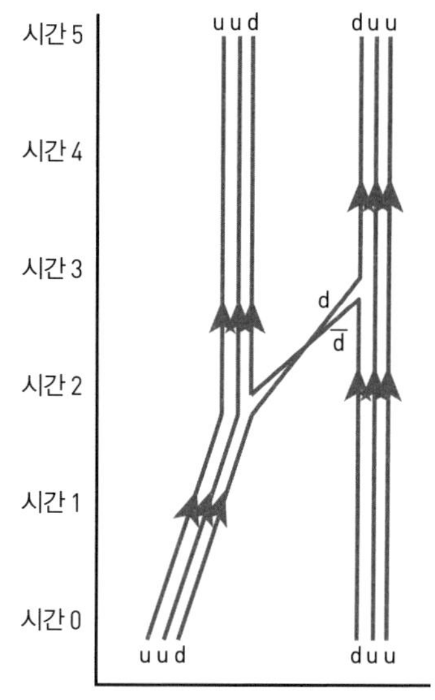

3개의 쿼크로 이루어진 2개의 양성자 uud와 duu가 2개 있다.

3개의 쿼크로 이루어진 중입자인 양성자(uud와 duu) 2개 있다.

중간자($d\bar{d}$)가 소멸한 뒤 왼쪽의 양성자(uud)에서 온 d와 오른쪽의 양성자(duu)에서 온 d가 계속 시간에 따라 진행한다.

d가 경로를 변경하여 중간자(dd)가 생겨난다.

3개의 쿼크로 이루어진 2개의 양성자 uud, duu가 있다.

3개의 쿼크로 이루어진 2개의 양성자 uud와 duu가 있다.

소립자 목록

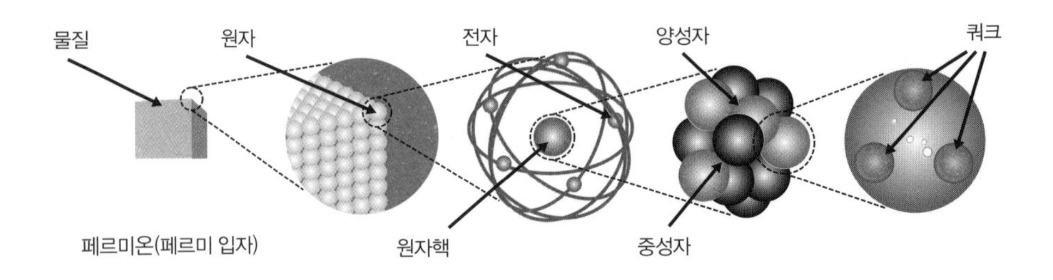

		렙톤		쿼크	
물질을 구성하는 입자	제1세대	명칭 : 전자 기호 : e^- 스핀 : 1/2 질량 : 1 전하 : −1 그 외 :	명칭 : 전자뉴트리노 기호 : Ve 스핀 : 1/2 질량 : 0.000006 이하 전하 : 0 그 외 :	명칭 : 업쿼크 기호 : u 스핀 : 1/2 질량 : 5.4 전하 : 2/3 그 외 :	명칭 : 다운쿼크 기호 : d 스핀 : 1/2 질량 : 11.7 전하 : −1/3 그 외 :
초고에너지 상태로만 나타나는 불안정한 입자	제2세대	명칭 : 뮤온 기호 : μ− 스핀 : 1/2 질량 : 206.77 전하 : −1 그 외 :	명칭 : 뮤뉴트리노 기호 : Vμ 스핀 : 1/2 질량 : 0.37 이하 전하 : 0 그 외 :	명칭 : 참쿼크 기호 : c 스핀 : 1/2 질량 : 2446 전하 : 2/3 그 외 :	명칭 : 스트레인지쿼크 기호 : s 스핀 : 1/2 질량 : 205 전하 : −1/3 그 외 :
	제3세대	명칭 : 타우 기호 : τ^- 스핀 : 1/2 질량 : 3477 전하 : −1 그 외 :	명칭 : 타우뉴트리노 기호 : Vτ 스핀 : 1/2 질량 : 35.6 이하 전하 : 0 그 외 :	명칭 : 톱쿼크 기호 : t 스핀 : 1/2 질량 : 341096 전하 : 2/3 그 외 :	명칭 : 보텀쿼크 기호 : b 스핀 : 1/2 질량 : 8317 전하 : −1/3 그 외 :

보손(보스입자)

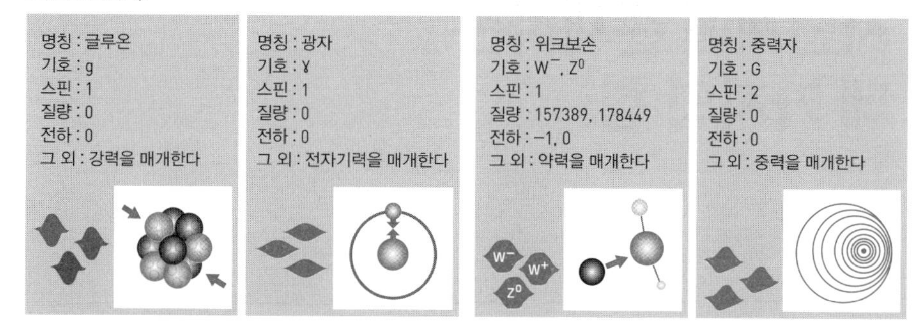

기타

- 스핀은 소립자 고유의 자유도로서 입자의 자전에 의한 각운동량을 말한다.
- 질량은 전자의 질량 9.1×10^{-31}kg의 몇 배인가로 나타낸다.
- 보손은 자연계의 '네 가지 힘'을 매개하는 입자이다.

자료는 S. Eidelman et. al., Phys. Lett. B592, 1 (2004)에서 인용

유럽 입자물리연구소(CERN) 제공 자료를 참고로 작성

자연계에 존재하는 네 가지의 힘

자연계에는 네 가지의 기본 힘이 존재한다고 본다. 강한 상호작용(강력)은 글루온을 매개로 쿼크들을 결합시켜 원자핵이나 중간자와 같은 입자들을 만든다. 전자기력은 광자를 매개로 한다. 약한 상호작용(약력)은 위크보손을 매개로 중성자가 양성자로 변환하는 반응에 관여한다. 이 세 가지의 힘은 모두 양자화할 수 있다. 또 전자기력과 약력은 통일적으로 기술할 수 있다(글래쇼·와인버그·살람 이론).

전자기력과 약력에 강력을 통일하려는 시도는 대통일이론(Grand Unified Theory, GUT)이라고 하는데 아직 완성되지 못했다. (이론은 아주 많지만 모두 실험으로 확인되지는 못했다. 대통일이론에서는 양성자가 붕괴되는 현상이 일어날 것이라고 예측하고 있다.)

마지막으로 남은 힘은 중력이다. 중력은 그 세기가 매우 작을

그림 14

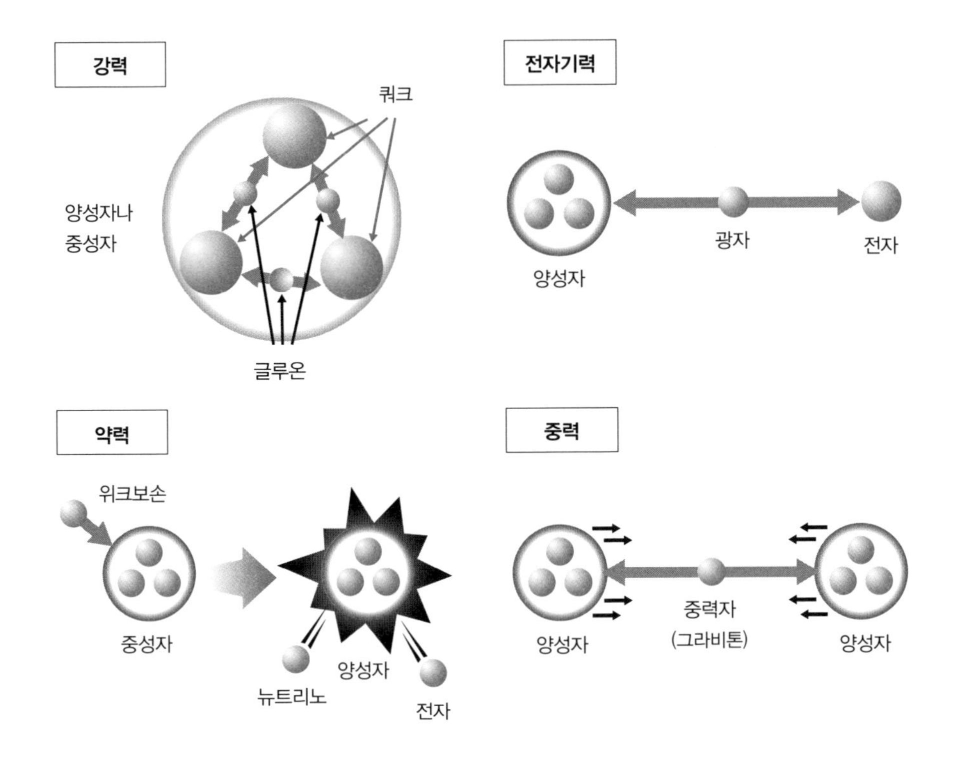

뿐 아니라 거시적인 시공간의 성질과 매우 밀접한 관련이 있기 때문에 아직 양자화하지 못했다. 실험적으로나 이론적으로도 양자론은 아직 완성되지 못한 상태이다. 양자중력이론의 후보로는 초끈이론(superstring theory)과 루프양자중력이론(loop quantum gravity theory) 등이 제창되고 있다.

양자역학을 다룬 책은 수식이 없는 해설서부터 수식으로 가득한 본격적인 교과서까지 그 종류가 매우 다양하다. 여기서는 필자가 재미있게 읽은 논문과 책들을 소개한다.
설명서는 ○, 교과서는 ●, '읽어두면 도움'이 되는 정도에 대해서는 따로 ☆로 표시해둔다.

○ "The Meaning of Quantum Theory", Jim Baggott (Oxford) 벨의 정리 해설에 대해 참고가 된다. ☆

○ "The Infamous Boundary : Seven Decades of Heresy in Quantum Physics", David Wick (Copernicus)
정확하게 70년에 이르는 양자론의 '이단'적 역사를 해설한 명작. 추천! ☆☆☆

○ "Quantum Mechanics and Experience", David Z. Albert (Harvard)
수식을 사용하지 않고 비유적으로 양자론을 해설하였다. 매우 재미있다. ☆☆

○ "Infinite Potential : The Life and Times of David Bohm", F. David Peat (Addison Wesley)
영국의 과학저술가 데이비드 피터가 쓴 데이비드 봄의 전기이다. 봄의 마니아라면 충분히 읽을 가치가 있다. ☆☆

○ "Speakable and Unspeakable in Quantum Mechanics", J. S. Bell (Cambridge)
벨의 논문집. 지적 호기심을 자극하는 책이다. ☆☆

○ "Treatise on Basic Phirosophy", volume 7(part 1), Mario Bunge(Reidel)
과학철학자 마리오 분게에 의해 철학적으로 분석된 양자론 해설서. 분게는 기본적으로 마치다·나미키이론으로 '관측문제'가 해결되었다고 확신한다. ☆

● "Veiled Reality", Bernard d'Espagnat (Addison Wesley)
양자론 기초 분야 제1인자의 명해설서. 마치다·나미키이론으로 '관측문제'가 과연 해결되었는지 의문을 가진 사람에게 추천한다. ☆

● "Conceptual Foundations of Quantum Mechanics", 2nd edition. Bernard d'Espagnat(Addison Wesley)
약간 오래된 내용을 담은 양자역학의 '고전'이다. ☆

- "The Quantum Theory of Motion", Peter R. Holland (Routledge)
  봄 학파 양자론의 교과서.☆

- "The Undivided Universe", D. Bohm & B. J. Hiley (Routledge)
  봄이 직접 저술한 양자론 해설서. ☆☆

- "Quantum Fluctuations", Edward Nelson (Princeton)
  봄과 비슷한 방법을 채용한 양자론 해설서. 정식화된 양자론을 브라운운동을 통해 소개한다. ☆

○ 『양자역학의 패러독스 –이상하고 오묘한 심원의 세계』 (닛케이사이언스)
  《닛케이사이언스》에 등장한 양자론의 패러독스 논문집. 일반인을 위해 쉽게 해설하여 매우 읽기 쉽다. ☆

○ 『양자역학의 반란』, 마치다 시게루 저 (학습연구사)
  양자역학의 철학적 제문제를 평이하게 해설한다. ☆

○ 『양자역학적 사고 –상대성이론보다 재미있다』, J. 호킹 혼 저, 미야자키 다다시 역 (고단샤)
  전문가에 의한 표준 해설. ☆

○ 『빛과 물질의 오묘한 이론 –나의 양자전기역학』, R. P. 파인먼 저 (이와나미)
  파인먼의 경로적분에 의한 양자역학의 일반 해설서이다. ☆☆☆

○ 『Excel로 배우는 양자역학 –양자의 세계를 들여다보는 확률역학 입문』, 야스에 구니오 저 (고단샤)
  봄의 양자론과 비슷한 넬슨의 확률역학을 소개한다. ☆☆

○ 『양자역학의 기본 원리 –왜 상식과 맞지 않은가』, David Z. Albert 저, 다카하시마리코 역 (일본평론사)
  역자가 제안한 제목은 편집자에 의해 기각되었다고 하는데, 그 결과 너무도 평범한 제목이 되어버렸다. ☆☆

- 『불확정성원리 –양자역학을 이야기하다』, 나미키 미키오 저 (교리츠 출판)
  자연과학도들을 위하여 '관측문제'를 상세히 다루고 있다. ☆

- 『기초양자역학』, 마치다 시게루 저 (마루젠)
  관측문제나 밀도행렬을 공부하는 데 유용하다. 명쾌한 설명이 돋보인다. ☆☆
- 『양자역학의 철학』, M. Jammer 저, 이노우에 겐 역 (기노쿠니야)
  고서. 필수 ☆
- 『공학도를 위한 르베그 적분과 함수공간 입문』, 시노자키 도시오, 마쓰우라 다케노부 저 (현대공학사)
  힐베르트공간을 알기 쉽게 풀이한 교과서. 일반인도 이해하기 쉽다. ☆☆
- 『파인먼 물리학 5 –양자역학』, 파인먼 외 저, 스나카와 시게노부 역 (이와나미)
  양자역학의 '정신'을 이해하고 싶은 사람에게 강력 추천! ☆☆☆

다음은 양자론에 관한 필자의 책을 소개한다.

○ 『파인먼의 물리학 강의를 읽다 – 양자역학과 상대성이론을 중심으로』, 다케우치 가오루 (고단샤)
  『파인먼의 물리학 강의(The Feynman Lectures on Physics)』, 제5권을 중점적으로 해설하고 있다.

○ 『펜로즈의 불가능한 삼각형』, 다케우치 가오루 (고단샤)
  양자론, 상대성이론, 양자중력이론의 관계를 알 수 있는 책이다.

○ 『아인슈타인과 파인먼의 이론을 배우는 책』, 다케우치 가오루 (공학사)
  파인먼다이어그램을 이용한 초급 계산법을 익힐 수 있다.

찾아보기

ㅊ

ㅋ

ㅌ

ㅍ

ㅎ

영어

옮긴이_ 김재호

경북대학교 전기공학과를 졸업하고 일본 도쿄대학에서 플라즈마 이공학 전공으로 Ph. D 학위를 받았다. 졸업 후 도쿄대학 연구원을 지냈고 현재는 국가 출원 연구소인 산업기술종합연구소(AIST) 나노튜브응용연구센터 연구원으로 차세대 나노 신소재 연구 개발에 힘쓰고 있다. 장차 학문 융합 시대를 이끌어갈 공학자로서 양자역학을 비롯한 물리, 화학, 바이오, 환경, 우주 천문학 등 다양한 분야의 학문을 연구하고 있다.

옮긴이_ 이문숙

전북대학교 독어독문학과 졸업 후 일본 도쿄대학에서 언어학 박사학위를 받았다. 현재는 동경 이과대학과 방송대학에서 한국어를 가르치면서 외국어로서의 한국어 교육에 힘쓰고 있다. 또한 일본 내에서 실시되는 한글 검정 시험의 문제 출제, 평가, 채점 위원으로도 활동 중이다.

편집기획 _ 구성엽

중앙대학교 물리학과를 졸업한 뒤 월간 과학 잡지 〈Newton〉의 과학전문기자(2000년 8월~2005년 12월)로 활동했다. 《친절한 양자론》의 번역 원고를 더욱 전문적으로 다듬는 작업과 외국의 전문 사이트에 대한 분석과 검토를 통해 내용을 보강하는 작업에 참여했다. 또 다양한 시각자료를 찾아 책의 내용을 더욱 풍성하게 하는 데 도움을 주었다. 앞으로도 '더 많은 독자들의 과학적 이해를 높이기 위한 사이언스 북 기획자'로서 활동 중이다.

친절한 양자론

개정판 1쇄 인쇄 | 2021년 6월 1일
개정판 1쇄 발행 | 2021년 6월 8일

지은이 | 다케우치 가오루
옮긴이 | 김재호·이문숙
펴낸이 | 강효림

편집기획 | 구성엽
편집 | 이남훈·김자영
디자인 | 채지연
마케팅 | 김용우

용지 | 한서지업(주)
인쇄 | 한영문화사

펴낸곳 | 도서출판 전나무숲 檜林
출판등록 | 1994년 7월 15일·제10-1008호
주소 | 03961 서울시 마포구 방울내로 75, 2층
전화 | 02-322-7128
팩스 | 02-325-0944
홈페이지 | www.firforest.co.kr
이메일 | forest@firforest.co.kr

ISBN | 979-11-88544-68-4 (04420)
ISBN | 979-11-88544-67-7 (세트)

※ 책값은 뒤표지에 있습니다.